Unique

Unique

YES!

世界頂級銷售大師
教你四步驟馬上成交！

當客戶說不

Essential
Strategies for Keeping
a Sale Moving
Forward

湯姆・霍普金斯 Tom Hopkins
本・卡特 Ben Katt
——著

楊曉瑜——譯

目錄 CONTENTS

02 「不」的真正含義

03 如何避免失去銷售方向

第二部 說服客戶的循環

10 收尾時向客戶提問

第三部 如果客戶說「不」

11 重新建立融洽關係

12 找到客戶的疑問

第四部 客戶說「好」

各界推薦

當客戶對你說「不」時，你還能有什麼可以做的？一個「不」就讓你過不去，停止走向人生目標以及好的結果嗎？那這個「不」到底是對方給你的，抑或是你自己給自己的？本書讓我們學習到轉換一個思維或方式繞過阻擋繼續前進，因為「YES」往往就在「不」之後。

——林以幀，東森房屋個人業績全國冠軍

開車最怕迷路，不知道在哪裡以及要怎麼去目的地，銷售也是如此。這本書就像「銷售導航地圖」，即使走到岔路，最終也能走到終點。本書以「說服客戶的循環」為主軸，在每個步驟階段都有詳盡的說明和範列。銷售天王一生無懈可擊的銷售絕學就在你眼前，把客戶的「NO」轉成「YES」你也可以！

——林哲安，暢銷書《業務九把刀》作者

在銷售界裡有句名言：「拒絕，是成交的開始。」但這句話不見得是真的，關鍵在於你怎麼看待客戶的拒絕、以及能否把握住客戶的拒絕。我常說：「拒絕才是銷售的開始；拒絕才是成交的開始。」一來當客戶透露拒絕，客戶才正準備開始聽你怎麼說。二方面，客戶的拒絕，正代表客戶在考慮評估。可惜大部分的銷售夥伴，對客戶的拒絕沒有深切的認知，錯過了許多成交的大好時機。這本書《當客戶說不》，能讓你贏得訂單。

——**解世博，超業級講師**

對專業人士說「不」，反而能讓他們動起來，因為多數偉大且訓練有素的業務，都認為「不」（NO）等同於「上」（ON）。閱讀這本充滿啟發性的作品，將幫助你我取得巨大的獲利、貼心的服務和卓越的銷售。

——**馬克・韓森**（Mark Victor Hansen），**暢銷全球「心靈雞湯」系列叢書聯合創始人**

市面上有很多關於銷售的書籍，只有這本書談論突破性的見解。未來幾年，這部作品將成為所有專業業務的必讀作品。

——**約翰・歐東爾**（John O'Donnell），**線上操作學院首席知識長**

一本清晰、簡潔的操作指南，揭示出每個「不」背後隱藏的「好」。

——**安東尼・帕里涅若**（Anthony Parinello），**暢銷作家、最受歡迎的銷售議題顧問**

本書證明了汽車大王亨利・福特的理論：「不管你認為自己做不做得到，你都是正確的。」藉由說明業務的心態如何決定成交，進一步提供可遵循的策略，去克服當客戶說「不」時潛在的拒絕。

——**蘇珊娜・加伯**（Suzanne Garber），**風險管理執行長**

哇！多麼棒的一本書！兩位作者克服銷售成功前最重要的一個障礙，並向專業銷售人員展示，如何一勞永逸地克服它。

——**博恩・崔西**（Brian Tracy），**暢銷書作家、職業演說家**

我從這本書的第一章中獲得的東西，比我閱讀的九九・九九%銷售書籍都還多。我預測它會成為經典。

——**傑佛瑞・詹姆斯**（Geoffrey James），**美國著名銷售教練**

了解銷售中的「不」真正代表什麼，就會明白如何獲得更多肯定。閱讀這本書，你不會後悔的！

——**比爾・巴特曼**（Bill Bartmann），**世界知名企業家**

商業相關科系學生和相關工作人員會發現書中這些資料非常有用。

——**《圖書館雜誌》**

推薦序

一萬個客戶說不的累積，可以創造下一張千萬合約的奇蹟

王東明

我常在企業高端銷售課程中，分享一個我輔導的顧問學生個案，在銷售上遇到客戶說不，最後轉成千萬訂單的真實案例。

外商銀行理專Ben，在星期二中的中午一點，好不容易約到資訊業的總經理做客戶拜訪。當天Ben特別提早二十分鐘拜訪總經理。秘書說：「總經理有個視訊會議，請在等候區稍待。」這一等……等到下午一點十分。Ben有禮貌地走向櫃檯，微笑有禮地問秘書：「Jane，請問總經理的會議是否結束了？」Jane露出驚訝的表情，但訝異的不是這場會議，而是Ben直接稱呼自己的名字。經過確認與聯繫，Jane把Ben帶領到總經理辦公室。走進辦公室的沙發區時，總經理正在講電話，同時也用肢體示意，要Ben稍等一下。這一等又等到了一點三十五分，總經理給的一個小時只剩下二十五分。如果是一般業務，就會很緊張，一直看錶，不斷地看總經理，搞得彼此都很心急。

我問班上的學生，如果是你碰到這情境場合，你會怎麼做？大部分的學生都會說：跟總經理約下次見面，或者再繼續等下去。那如果等下去超過時間，你有把握下一次什麼時候能

跟總經理見面嗎？

Ben真的有練過。在等待的時間，除了拿自己的書閱讀之外，眼光還很自然地掃射總經理辦公室幾圈，觀察一下總經理的喜好，準備找幾個適合的話題，跟自己平時累積的談話資本做連結，好拉近與總經理的距離。總經理終於在一點五十五分掛上電話，很不好意思地跟Ben說聲抱歉，讓他等了這麼久……接下來的一段話，真的是高招。

「總經理，您真的很投入工作，都忘了吃午餐，我看到您的午餐還在桌上。這樣好了，您先吃，我的事不急。而且我在等待的同時，在網路幫您點了一份熱雞湯跟小菜，三分鐘後就送到，可以補一下暖暖胃。在總經理吃飯的同時，就不談我的事。我看到總經理桌上有五份同業的企畫書，是否可以讓我幫總經理分析哪一份才是適合您的？您放心，我會中立分析……」

這一招厲害。當場雖沒有成交，但與總經理變成好朋友兼顧問，以後只要總經理想到金融商品，就會在第一時間打電話給Ben交流聽取建議，事後除了總經理的訂單合約之外，也轉介了幾張大單。

我問過Ben，在當TOP業務員之前，有沒有遇過客戶說NO？

「當然有啊！一萬次的NO，才能累積我現在的能力！每個說NO的客戶，背後的原因不見得相同，但我一直記得老師跟我說過：『厲害的人會反過來請益說NO的真正原因。要有能力想辦法把客戶說話的句點，轉換成逗點。』不要把關係斷了，後續才有機會。」

這些不但是我一直提醒學生的高超口語技巧，也是世界頂級銷售大師湯姆．霍普金斯的暢銷作品《當客戶說不》中，將向讀者們傳授的心法。

這部作品能夠出版繁體中文版，我真的很開心，更替所有從事與銷售工作相關的人感到欣慰。因為這本書是一個能好好檢視自己的機會！可以去理解這些「不」背後的真正原因，也是我們私下練兵的方向。要記得：不是你不夠好、產品不夠好，客戶說不的真正原因……有可能是你沒有經營好客戶對你的信任！

（本文作者為企業講師、口語表達專家）

推薦序

成功可複製，業績可加速

林裕峯

我在業務銷售領域進行培訓技巧訓練及開發，已經有二十年的時間了，我很榮幸受邀為全美第一銷售訓練師—金氏世界紀錄房產銷售第一的保持人，湯姆．霍普金斯寫序，更幸運的是，在二〇二二年八月更將邀請銷售大師湯姆．霍普金斯來為全台灣教導培訓，這也是湯姆．霍普金斯在台灣的最後一場線上演講培訓！

不誇張地說，這本書是每一位銷售管理者都應該閱讀的。

你將學會如何讓自己的銷售生涯取得超乎想像的成功、如何讓自己的銷售額和個人收入在數月、數周內倍增百倍、千倍，甚至萬倍。

本書可以幫助你：如何聽出「當客戶說不」的真正含義、如何面對不同類型的「不」採取不同的處理方法。在這四個部分的內容，以及銷售實踐六個案例研究當中，同時結合諸多真實並生動有趣的銷售情境作為示範案例，闡述這些銷售技巧在現實銷售的運用，讓你一看就懂，一學就會，一用就成。

這些銷售技巧所包含的經驗和智慧，都能提供你最為實用、最有價值的指導，讓你洞察

「當客戶說不」的背後真相，掌握一系列可以立刻派上用場的理念、策略和技巧，讓你少走彎路，少受挫折，迅速找到通往成功的捷徑，迅速和輕鬆地提高銷售業績。

書中提到正確的銷售也包括向客戶提出恰當的問題。永遠不要忘了，當你和潛在客戶見面時，銷售的第一步就是和他們建立融洽的關係。融洽的關係讓人覺得舒服，進而讓人信任你。同時，銷售人員必須熱衷於自己所銷售的產品，必須選擇自己內心喜歡的產品，然後再用邏輯說服客戶購買，這也是公認的準則！

該怎麼讓成功可複製、業績不斷加速提升，答案就在本書中。成千上萬名專業的業務人員已經在實踐中應用了從本書中學到的策略，成功證明這些策略是行之有效的，而這一切都始於「說服客戶的循環」。

這本書價值連城！衷心期盼這本書，能夠幫助你找到人生的突圍點。

期待你的成長！

（本文作者為亞洲華人提問式銷售權威）

推薦序

沒有拒絕，就沒有成交

林裕盛

二、三流的推銷員視拒絕為銷售的終點；而一流的推銷員卻視拒絕為銷售的起點。不要不要，「不，要！」，「不」是路標，不是止步的標誌！「不」，是贏向成交的踏腳石。

所謂「不」，不是拒絕站在客戶面前的這個推銷員，是因為我們的交情還不夠，信任關係還沒建立好；所謂「不」，不是不需要我們推薦的產品，是give me more information，可以給我多一點資訊，幫助我下決定嗎？

所以，再接再厲，再投資一些時間讓客戶多瞭解一些資訊，多瞭解我們一點。不要因為拒絕而氣餒、而沮喪、而放棄。世上頂級的超級業務，甚至視客戶的「不」為成交的紅色按鈕。

牢記，平庸和頂尖，就在你怎麼看「拒絕」這件事！翻轉態度，將翻轉業績，也翻轉了我們整個銷售生涯！

本書作者提供了最系統、詳盡，也最無私的「拒絕循環」，貼近人性且切入實際的銷售實務。最後，成功的業務員都很清楚，七〇%以上的業績來自於滿意客戶的轉介紹，卷末第十八章「安排推薦循環」有精采的演繹，不容錯過！

收入的貧乏，來自於行動的貧乏；財富的貧乏，來自於思想的貧乏；思想的貧乏，來自於閱讀與學習的貧乏。

一個人品德與能力的高度，起始於你腳下書本的高度！願大家細細品讀。是為推薦！

（本文作者為《奪標》《英雄同路》作者，創下保險界連續達成三十一次高峰會資格的輝煌戰績）

前言

客戶拒絕後不冷場，還能簽新訂單？

並不是每次交易都能成功。即便是收入最高的專業業務，有時也會空手而歸。這就是銷售業的本質。一旦認識到這一點，就不會為了完成每一筆生意而去尋找什麼妙招，而是抱持正確心態學習一些策略來贏得更多訂單——包括拒絕你超過一次的客戶訂單。

銷售是一場比賽，而且是體育比賽。運動員準備好之後，在場上全力拚搏，然後把拿到的訂單當作戰利品帶回家，以滿足他們對成功的渴望。然而，如果他們常常一無所獲，就會離開銷售賽場，有些人甚至會傷痕累累。事實上，如果從事銷售工作卻不知道其中的規則和微妙之處，對你來說，這就會是一項殘酷的運動。

本書的目標是：在現有基礎上提高你的銷售成功率。一方面深入探討向潛在客戶展示產品和服務時的微妙之處；另一方面則是為了顧全大局，該如何迅速退出某次銷售活動，進而避免對下一個銷售過程失去控制。

簡單來說，這是一本銷售策略指南，幫助你從中學會如何利用「說服客戶的循環」。有了這本指南，不管處在銷售過程中的哪個環節，你都會非常清楚下一步要怎麼走，直至達成交易。即使在達成交易的路途中，客戶設置了難以避免的（通常也是意想不到的）「分岔路」，你也能做出正確的選擇。

書中不談論該如何、在何處能找到新業務，或是如何獲得拜訪客戶的機會。同樣地，也不會提供任何後續的跟進策略。本書重點在於演示從你與客戶建立融洽關係的那一刻開始，直到客戶最終說「好」為止，這全部的真實銷售情境。

你要知道，客戶在面對你所提供的產品或服務時，一開始都有很多理由對你說「不」。在聽到「不」之後，你做了什麼，將會決定你能取得多大的成功。事實上，當你學會本書中的策略後，就會期待在銷售過程中聽到「不」，而且不止一次。因為你會真切地意識到每個「不」的意義，以及接下來需要做什麼或說什麼。

當客戶抗拒或猶豫時，業務的反應常常會令整個銷售過程變得不舒服。他們會覺得自己遭到拒絕、自己失敗了，只想著收拾東西去赴下一場約。很不幸地，這些失敗主義者的想法和感受，會表現在行為舉止和態度中，從而導致整個銷售過程戛然而止。一般的業務面對這種情況，會先請求客戶保持聯繫，然後垂頭喪氣地落荒而逃。

對客戶說「保持聯繫」當然比「永遠不再聯繫」好。然而，試想一下，如果業務聽到客戶拒絕後，沒有令人不安的冷場，沒有咄咄逼人的舉動，也不強求客戶，而是重新建立起一座橋梁，再次獲得拿下訂單的機會。這會給業務的人生帶來多大的不同？這是做得到的！

答案就在本書中。成千上萬名專業的業務已經在實踐、應用從本書學到的策略，並成功地證明這些策略是行之有效的，而這一切都始於「說服客戶的循環」。

實際上，當客戶第一次說了「不」，銷售過程可以且應該繼續下去。很多情況下，業務會再一次被客戶拒絕。但是，如果能夠妥善應對，即使潛在客戶拒絕了五、六次，你也可以把他們口中的「不」轉化為「好」，同時不會傷害已經建立起來的關係。

如果你能學會在聽到客戶首次說「不」後，還可以繼續和你溝通，就能從中獲得自信。而這種自信，會從你的行為舉止中流露出來，因此贏得更多訂單，從而達到職業生涯的新高。

這並不是一本理論書，而是一本指導手冊。閱讀本書時請盡量使用螢光筆、筆記本和筆。認真思考如何在日常的銷售活動中應用這些策略，並且在實踐中學習到銷售的微妙之處。如此一來，你將會獲得一份蒸蒸日上、碩果累累，令人滿足且愉悅的銷售事業。

第一部

當客戶說「不」

NO

01 客戶對你說「不」

「呃，吉姆，你剛剛給我看的那套新設備確實不錯，但是我必須說，我們不會買。」

「瑪麗，非常感謝妳告訴我們這些資訊，但我們現在不會買。」

以上是業務一天到晚都會聽到的典型說辭，而且幾乎每天都會聽到。對於一般業務來說，聽到這些話時的本能反應就是覺得：我失敗了、我被拒絕了——這似乎形成了一種思維定勢。

事實上，被拒絕太常見了，卻極少有業務為此做好準備，主動去化解因拒絕帶來的負面情緒。多數業務被動地接受了拒絕，和由此而生的感受，並且把這當成了銷售工作的一部分。

身為業務所具備的能力和技巧，決定你多久會聽到一次這樣的說辭。但是，你在被拒絕之後做什麼、說什麼，會讓你的銷售成功率和個人財務狀況大不相同。

讓客戶說「好」

這是一本關於讓客戶說「好」的書，但起點是「不」。

真實的情況是，很少會有客戶在第一次被推銷產品或服務時就說「好」。然而，諷刺的是，大多數業務在聽到第一聲「不」後，卻都傾向就此放棄、接受拒絕。

當你讀過本章開頭的內容後，想想被拒絕時，你的感覺如何、會怎麼做、會說些什麼？

- 你是否感覺失望？是否有心情跌到谷底的感覺？這種感覺會讓人疲憊不堪，本來高漲的銷售熱情也一點點流失了。
- 你心裡是否已經放棄成交的念頭，直接切換到「我們保持聯絡模式」，而且在思考等等離開時要留下什麼、帶走什麼，然後全心全意去見下一位客戶？
- 你是否會說：「沒關係，我理解。」「我會再和您聯繫，也許您會改變主意？」

這就是一般業務的反應。

因此，第一個問題就是：你想不想做一般的業務？或者說，你想不想鼓勵自己變得比一般業務更好？

牢記兩個關鍵點

本書的第一個關鍵點是，確保你不會過早放棄一張訂單。被拒絕後，仍然有很多銷售工作要做。

事實上，大多數的拒絕並非終點，而是岔路。身為一名專業的業務，你的工作是做好充分準備，從想走的那條路轉到客戶為你選的那條路。你必須充滿彈性，以確保銷售進度朝著你一開始設定的目標走。簡單來說，儘管道路可能會改變，但終點不會變。

把你聽到的第一聲「不」（也可能是前幾聲「不」），就當作只是繞個路吧。你要相信還有其他方法可以成交，而且你訓練有素的思維可以很快找到新途徑或新方法——尤其是在讀完本書之後。

多數客戶在購買一種產品或服務前，會拒絕五次之多。很多業務看到這個數字，會認為想成為頂尖業務，就得一直用同樣的資訊和客戶糾纏下去，直到客戶「投降」為止。也就是說，他們覺得對話應該是這樣進行的：

業務：「您想買嗎？」

客戶：「不想。」

業務：「您確定？現在買很划算喔。」

客戶：「先不用。」

業務：「您需要這個產品。而且您之前說過預算裡有筆經費可以買。」

客戶：「不要了。」

業務：「您放心，我們一定會履行承諾，提供讓您滿意的服務。我們是具有百年歷史的大公司，而且所有主要電視台都播放我們的廣告。」

客戶：「不了。」

業務：「我們免運費，您還可以隨意選顏色。」

客戶：「不用。」

業務：「這麼低的價格不會維持很久，現在是入手的最好時機。」

客戶：「好吧……我還是買吧。」

正是由於這種類似糾纏的過程，讓很多業務聽到「不」後，羞於繼續說服客戶。他們不想讓自己看來沒禮貌或咄咄逼人，但是聽到客戶說「不」，又不知道該如何讓對話繼續下去。

本書的第二個關鍵點是，幫助你理解：頂級業務贏得訂單的部分原因是堅持，但成功的

堅持不包含機械地重複相同資訊。

每個「不」字含義都不同。因此，面對各種類型的「不」，就要採取不同的處理方法。

在每個銷售過程中，頂級業務會從各個角度努力，以檢驗每種可能性，直到實現公司與客戶的雙贏。或者，為了滿足客戶的需求，他們提供所有可能的選擇才離開。他們與客戶之間的對話可能是這樣的：

業務：「您想買嗎？」

客戶：「不想。」

業務：「您之前提過，希望在銷售旺季開始前收到產品。如果我們能保證收到產品的時間，會不會讓您更容易做決定？」

客戶：「呃，這樣會好一些，但我覺得還是先緩緩吧。」（不）

業務：「您也有興趣訂製我們的豪華型產品。為了滿足您的特定需求，如果能以書面形式保證，您是否覺得這些附加成本能在銷售旺季時回本？」

客戶：「呃，可能吧，但我不確定我們能把你們的產品特性發揮到極致。」（不）

業務：「我超開心您能提到這一點。對於豪華型產品，我們提供免費的影片教學，還有為期一年的線上支援。而且，在收到產品之後，我會親自與您的團隊見面，解決可能出現的問題。您覺得這樣是不是能夠讓您的團隊以最快的速度掌握產品的使用方法？」

客戶：「或許可以……但我們今年沒有預算了。」（不）

業務：「資金是需要考慮的重要因素。如果我們能以分期付款的方式合作，您覺得如何？比如說，您覺得需要將付款期限延長多久，或是您覺得初期投資多少比較合適？」

客戶：「呃……我不知道，讓我想一想。」（不）

業務：「我理解，要做這麼重要的決定確實需要想一想。○先生，在我和您接觸的這段時間，您對這款產品所能帶來的好處很有興趣，也提到這些產品能在銷售旺季增加你們的利潤（列舉產品的好處）。您覺得還需要些什麼，才能讓您更進一步，今天就擁有這些產品的好處呢？」

客戶：（長時間的沉默）「我覺得能用公司的信用卡先付頭期款……」

都是五個「不」，一個「好」，你能看出上面兩段對話在語氣上的差別嗎？在第二段對話中，每個「不」事實上都不是終點，而是離「好」更近了一步，因為業務又滿足了一個讓客戶說「好」的要求。

這是一本關於「讓客戶說好」的書——當你相信自己的產品能滿足客戶的需求，就會贏得更多訂單。我們之所以在第一章研究「不」，是因為這在銷售陳述中是個關鍵點：業務要不是繼續朝著「讓客戶說好」而努力，就是放棄並結束與客戶的對談。

「不」是路標，不是止步的標誌！

如果聽到第一聲「不」，你就精神萎靡，這種喪氣會表現在你的行為舉止中。說服最重要的事情之一，就是有些祕密不能透露給客戶知道。換句話說：

- 如果你不喜歡銷售，客戶看得出來。
- 如果你懷疑自己的產品或服務，客戶看得出來。
- 如果你不喜歡客戶的某些特質，他們也看得出來。

如果你確實放棄某筆訂單，客戶感覺得到。要是事後有人問起他們如何得知你放棄了，可能說不出為什麼。但真實的原因是，你透過非語言資訊——面部表情、儀態和姿勢——讓客戶隱約感覺到這一點。除此之外，還有一點也可以給他們這種感覺，那就是你已經開始收拾資料了！

這種非語言溝通所傳達的訊息，會使客戶對你的產品失去興趣。為什麼你放棄時，客戶就變得興趣缺缺呢？因為他們喜歡從有自信的人那裡購買產品。自信的業務在被拒絕之後，仍然會繼續嘗試其他方法說服客戶。「不」這個否定詞，一點都不會造成他們的困擾。

另外，如果你不再堅信自己能拿下訂單，基本上等於表示自己的產品或服務對客戶來說並不是最好的。如果你沒有放棄，客戶很可能就買下來了，而不是像你現在這樣，花費了大把時間卻一無所獲，不得不匆匆趕去會見其他潛在客戶。換句話說，**如果你放棄了，就只是替這些客戶熱身，讓他們從下一位業務手裡購買產品。**

應對拒絕，並非是考驗意志，不需要強迫自己把它當成必須承受的挑戰。有效地處理拒絕，關乎的是準備、視角和態度。頂級業務曾主動迎接所有拒絕帶來的挑戰，保證每張潛在訂單都有成功的可能。

假如銷售過程中沒有拒絕，也就不需要業務了。

提高成交的可能性

為什麼大多數業務，不能像先前提到的第二段對話那樣向客戶提問呢？其中一個原因是：很多業務在聽到客戶拒絕之後，不知道自己該怎麼做。本書將教會你如何提高成交可能性，隨心所欲掌控銷售。

當客戶說了「不」，如果你有很多應對之道，結果會怎樣？

一、你會更加放鬆，對自己的銷售事業也會更滿意。

二、客戶會更喜歡你，而這一點極其重要。

你與客戶之間的關係越緊密，他們就越相信你說的話，也越有可能在初期「否定」你的產品或服務後，仍繼續長期地跟你購買產品。這一點將會在第六章詳細說明。

被拒絕後該如何繼續銷售？舉例來說，下面這種情況你可能已經遇過幾百次了：假設你正在一間餐廳裡，服務生一邊收拾餐盤，一邊問你還要不要吃些甜點。你會反射式地回答：「不用了，謝謝。」對吧？一位優秀的服務生不會就此罷休，他會面帶微笑地繼續詳細描述剛烤好的蘋果派皮有多酥脆、聖代冰淇淋上面的草莓是今天早上現採的，以及七層的比利時巧克力蛋糕上面還有奶油起司糖霜。

服務生做到什麼？他一直吸引你的注意力和興趣。然後，他會詢問你，如果想吃甜點會選哪一種。

由於他的描述，你的腦海中已經浮現了所有甜點的樣子（而且很可能已經勾起了你的食欲）。也許你接下來會問一個蛋糕有多大。如果你這麼問了，就相當於給他進一步描述細節的機會。他會更加明確你的需求，而且很可能還會拿到更多小費，因為你已經開始考慮和同桌的人一起分享甜點了（儘管你最初覺得自己根本吃不下了）。你只是想嘗嘗，所以開始合理化自己想吃甜點的心情。這時，服務生仍然可能銷售成功，他早就準備好為你端上想吃的甜點，完成銷售。

雖然難以置信，但本書要說的概念真的就是這麼簡單。

在面對客戶的拒絕時，掌握該怎麼做、怎麼說的策略，就可以增加銷售成功的機會。而且，隨著機會的增加，你的成交率也會大大提高。相比之下，一般業務早就已經放棄了，從客戶面前落荒而逃。

重點整理

- 在被客戶拒絕之後做什麼、說什麼，會讓你的銷售成功率和個人財務狀況大不相同。很少會有客戶在第一次被推銷產品或服務時就說「好」。
- 大多數的拒絕並非終點，而是叉路。
- 多數客戶在購買一種產品或服務前，會拒絕業務多達五次。
- 每個「不」字的含義都不同。因此，面對各種類型的「不」，就需要採取不同的處理方法。
- 如果聽到第一聲「不」，你就精神萎靡，這種喪氣會表現在你的行為舉止中。
- 如果你放棄了，就只是替這些客戶熱身，讓他們從下一位業務手裡購買產品。

02「不」的真正含義

在世界上的所有語言中，「不」都是最有分量的詞彙之一。它能催化數百種不同的情緒反應，不僅成就或毀掉一張銷售訂單，還能決定一個人的某一天、某個月或某一年，甚至是對一輩子產生重大的影響。

根據「不」的各種含義，人們可能會產生不同的情緒，如：

如釋重負：不，你沒有得癌症。

歡欣鼓舞：不，你這次資格考及格了。

難過：不，這次放假我們不能相聚。

開心：不，我不會為了那個更好的工作離開家人。

在某些情況下，有些人很害怕聽到「不」。事實上，光想到可能會聽到「不」，就讓他們非常焦慮，進而危害到身心的健康。

對於那些進入銷售領域沒多久的人來說，這種恐懼尤其強烈。在銷售過程中，不知道該如何應對客戶的拒絕，讓很多業務難以獲得事業上的成功。光是這一個原因，越早知道自己會被拒絕就越重要。明白了這一點，你就能針對客戶說的「不」，做好相應的準備。

經過學習和準備，無論想實現以下哪個目標，都會知道如何將「不」成功轉化為繼續銷售的過程：

- 爭取和潛在客戶約定會面的時間。
- 推銷自己、公司和產品品牌。
- 推銷你的產品或服務。
- 爭取讓客戶把你推薦給其他潛在客戶。

潛在客戶面對你的請求時，大多會有三種回應：「好啊」「不了」「也許吧」。在銷售過程中，「也許」就是「不了」，除非你把「也許」變成「好啊」。而且，客戶說「好啊」並不等於這筆生意談成了，除非客戶真的採取以下行動：

一、開一張支票給你。

二、直接刷卡交易。

三、授權別人下採購訂單。

換句話說，客戶必須採取確切的行動，你才能真正拿到訂單。

注意！如果因為你銷售的產品類型，得和客戶見很多次面，要讓客戶採取的確切行動就是配合你的下一步計畫——很可能就是約定下一次會面的時間。

好啊、不了、也許吧

你還能想到其他回應嗎？客戶會透過成百上千種方式給出這三種回應，這也是當你請求客戶採取行動時，會得到的三種基本回應。既然客戶只會這樣回覆，業務聽到「不」之後為什麼還會灰心喪氣呢？當然，如果客戶馬上就說「好」，你會更開心，利潤也會更高。但如果每個客戶都會立即答應，公司為什麼還要聘用業務呢？直接請人接訂單就好啦！

身為業務，你的工作絕不僅僅是向客戶介紹產品和接訂單這麼簡單。你既要當偵探，也要當顧問。因為你要透過各種線索瞭解客戶真正想要什麼；也要先瞭解客戶的需求，引導他們產生和你一樣的想法，也就是覺得你的產品對他們來說是最好的選擇。

這時你需要考慮一個問題：如果客戶對你的產品或服務能帶來的好處沒興趣，為什麼還會同意和你見面，然後花時間聽你做相關介紹呢？對於不感興趣的產品或服務，你自己還會用心傾聽嗎？當然不會。

現在，該重新思考「不」的真正含義了。

重新思考「不」的真正含義

「不」有很多意義。如果你認為客戶說的「不」，和你心中的「不」是一樣的，可就犯了一個成本高昂的錯誤。「不」的潛在含義可能有以下幾種：

一、**客戶還有疑惑**：在銷售中，「不」這個字很多時候都意味著，客戶還有一些問題或顧慮沒有得到解決。也許，他們還在心中拿你的產品和競爭對手相比。這是一個你必須面對的挑戰。**人們在感到困惑時會說「不」**，這是人類自我保護的本能。如果客戶沒有瞭解清楚你的產品，往往會推遲自己做決策的時間。

二、**業務解釋不足**：如果你確定某位消費者就是你的潛在客戶，而且確信自己的產品能滿足對方的需求，那麼這個拒絕其實意味著你還沒有完成說服客戶的過程，而這是銷售中固有的一個環節。

如果真是這樣的話，業務就不必因為沒有向客戶提供充足資訊而感到遺憾了。因為不同客戶在做出決定之前，需要的資訊量和能接受的傳達方式都不一樣。一般來說，如果提供客戶過多資訊，反而會因為資訊量超載或引起反感而失去客戶。相較之下，提供少量資訊是更好的方式，然後讓客戶主動詢問更多資訊（在這個情境下，就是讓客戶說「不」）。

在銷售陳述的過程中，要相信自己的直覺。當你覺得客戶已經掌握足夠資訊以做出明智決定時，就可以準備成交了。如果你首次提出要完成交易時，客戶還是不斷想瞭解其他資訊，就要好好調整你的陳述方式了。

三、需要業務深入研究：客戶的一個「不」，可能意味著你需要進一步研究，找出銷售陳述中還有哪些地方不夠清楚。記住，人們在感到困惑時會說「不」。第九章將會詳細討論怎麼在銷售陳述過程中，更直接、更有說服力地推銷產品。

四、需要業務修正失誤：在銷售過程中，你可能被迫重新修正或確認需求，以確保你向客戶推銷的產品是他們需要的。之所以會出現這種情況，可能是因為之前在確認客戶需求時，錯失了某些資訊，也可能是因為當時客戶不知道自己真正需要什麼。

要是你誤解了客戶的需求，就會反映在你的銷售陳述中，所以第一次推銷某種產品或服務時，他們可能會對你說「不」。也許他們並不知道你還有其他產品能夠滿足他們的需求，只有透過進一步溝通，你才會恍然大悟，認識到客戶的需求，進而推銷更適合的產品。

五、客戶心裡是否有沒提出的問題或反對意見：也許客戶並沒有說出自己全部的情況，比如他們的真正需求、是否買得起你向他們推銷的產品或服務。

什麼？客戶可以不用說出達成雙贏且促進成交的所有資訊嗎？

有時候，這只是「信任」問題。想和客戶建立信任，最重要的時機之一是在他們對你說「不」之後。如上所言，在瞭解產品和服務所能發揮的作用之前，客戶通常不清楚自己對該你銷售的東西有什麼異議或問題。也有可能他們喜歡這個產品，但是無法接受你的報價。重點是，你要透過使用恰當的銷售技巧、工具和策略，推動銷售繼續下去，直至成交（即使客戶一開始並不願意購買）。

六、時機不對：客戶之所以說「不」，可能只是想讓銷售的節奏慢下來而已。「不」的意思可能是「不，現在不買」。你自己買東西的時候，覺得選擇好時機很重要，對你的客戶來說又何嘗不是呢？透過討論購買時機，你可能會發現，即便客戶當天不買你的產品或服務，還是很願意改天再買的。

如果你確定客戶的「不」，真的是「不，現在不買」（或者他們只是有拖延症而已）。你的任務就是確認他們真正考慮購買的最佳時機，並採取行動幫助他們儘早下決定。

你可以說：「蘇，我理解妳還在猶豫，那妳什麼時候才想買壽險呢？」「蘇，今晚提到這套方案的這麼多優點，那妳覺得自己什麼時候會買？」蘇這周可能要付某筆大額帳單，或者很快就能核銷一筆錢來支付這套方案。問題在於，除非你知道導致她無法購買的真正原因，否則就無法促成這筆生意，拿到訂單。

七、特性不符：客戶說「不」，可能是「不，不要這個型號／顏色」。訓練有素的業務在聽到這種類型的「不」，會反射性地提出問題，搞清楚潛在客戶想要表達的真實意思是什麼。你可以說：「鮑伯，我知道你的意思，你好像非常喜歡這套新設備，但為了讓我更瞭解你的想法，也讓你更瞭解這套設備，我需要再說點什麼或做點什麼嗎？」鮑伯可能會開玩笑地回應：「你可以說這套設備不要錢。」然後你就會知道，價格很可能就是問題所在。你可以據此為鮑伯提供一些解決財務問題的辦法，進而促成交易。

八、「不，不買你的」：對有些客戶來說，他們的「不」甚至可能是「不，不買你的」。你要明白，推銷某些產品時，客戶購買的不僅僅是產品，也是在買下與你今後的關係往來。很多情況下，業務都變成客戶和公司之間的關鍵連接點。客戶可能只是不願意從你手中購買，因為他們覺得以你的能力無法滿足他們的需求。所以，在證明產品所能帶來的利益時，你還需要證明自己的能力。

記住，人們更願意和自己喜歡的人做生意。所以，重要的是讓客戶喜歡你、信任你，他們就會聽你說的話、接受你的建議，同時也想和你維持長期的商務關係。

潛在客戶說「不」的原因有很多，但缺乏興趣可能並非其中之一。對你的產品或服務沒有興趣的人，不會浪費時間和你見面，也不會浪費時間聽你陳述。因此，如果你吸引了客戶的注意力，原因就是他們真的很想知道你、你的公司和產品能不能解決現在的問題，或者優於目前使用的產品。你的任務是認識對方的需求，以及他們對你的產品或服務有什麼期待。

在每一次的銷售過程中，你是最終唯一能確定「不」的真正含義的人。為了確定，你要利用精心思考的問題讓對話繼續下去，找出你需要瞭解的資訊，進而確定是否能幫客戶解決他們的問題以及如何解決。與聽到「不」就放棄相比，透過這種方式，你能拿到更多訂單。

真正的任務

直接說說問題的本質吧。很多業務覺得，自己是被付錢來向客戶銷售的。他們以為，銷售陳述是整個過程中最重要的環節，因此把所有時間和注意力都放在上面；他們認為，只要和客戶聊聊天，並且記住如何講解產品，就能開創一番銷售事業。

當然，好的銷售陳述確實很關鍵，但這只是銷售過程的一個環節，還需要根據客戶的具體需求靈活調整。很不幸地，很少有業務明白，吹噓自家產品並不是真正的銷售。

介紹完產品，就指望客戶掏出支票、信用卡或訂購單，這種銷售方式稱為「觀望銷售」（wait-and-see selling）。與那些願意在其他銷售環節付出努力，提升自己技能的業務相比，靠「觀望銷售」工作的業務更辛苦，賺的錢卻更少。

觀望銷售無法解決每個客戶的獨特需求。相反的，這會讓客戶感覺聽到的是模式化的推銷說辭——業務直接將資訊拋給客戶，客戶不得不先接收，然後再進一步篩選，找出與自己相關的資訊。難怪那麼多客戶會無視業務所做的努力。

同樣地，沒有事先準備好的業務，從來不會對客戶提問題，也不瞭解客戶的不同需求、擔憂和願望。他們就這樣把決定銷售成功與否的控制權交給客戶，結果事與願違。

在銷售中，提問的人會控制並引導整個銷售過程。

如果客戶透過提問率先掌握主動權，就可能把話題引到任何地方。業務將難以確定自己處於銷售過程的哪一個階段，以及客戶是否已經瞭解重要的產品資訊。在這樣的情況下，業務可能永遠也抓不到機會總結所談的內容，也沒有機會拿到訂單。也就是說，他們已經失去控制權了。這就是為什麼要對業務進行正規、有效的銷售技能培訓，因為這能為他們提供工具，幫助他們掌控和引導銷售過程，以節省交易雙方的時間，好好實現預期目標。

如果客戶在整個銷售過程中，對你的銷售陳述最感興趣，覺得那是主要環節，那也是正常的。因為這是你事先專門為對方設計的展示活動，是與他們建立融洽關係、確認對方是否為目標客戶的過程（你同時還能瞭解到更多資訊）。你的任務是為客戶展示適合的方案，而不是通用型方案。你量身訂做的解決方案，會讓他覺得，你的產品可以滿足他們獨特的需求和願望，而且可以提供所需的資訊，最終做出明智的購買決定。

有效的陳述技巧會提高客戶立即購買產品的可能性，因為傳遞的資訊更加明確了，但不能因此就認為它是銷售的主要環節。

銷售的主要環節

如果最吸引客戶注意力的部分是銷售陳述，對於業務來說，最關鍵的環節就是收尾。此時業務應該做以下工作：

一、總結客戶面臨的問題。
二、回顧自己的解決方案能為客戶帶來的好處。
三、請客戶立即採取行動，購買產品或服務。

注意！這個過程中，雙方可能會針對價錢、付款方式、交貨日期和地點等進行談判。

收尾是銷售的關鍵，因為此時客戶會做出決定。**業務工作就是說服客戶做出購買的決**

定。

銷售陳述一般以充滿說服力的方式為客戶提供資訊，引導他們到需要做出決定的時間點；收尾環節則充滿了令人不安的不確定性，因為不知道客戶究竟是「買」或「不買」。在為客戶提供服務的過程中，銷售的重要工作就是消除客戶購買前的顧慮，引導他們最終做出雙贏的決定。

與客戶會面時，業務大部分的不安情緒都來自收尾，因為此時最有可能聽到客戶說「不」。第十章將進一步深入剖析與客戶會面過程中的收尾環節。

如果「不」真的是「不買」

有些情況下，你聽到的「不」真的是客戶的最終回答。但是，你其實仍然有銷售機會，只是你得先贏得與客戶保持聯繫的機會。你可能需要這麼說：「蘇，既然妳在買我的產品之前，還需要先處理其他事情，那我們再另約時間吧。妳剛剛說有兩個月的期限，那妳什麼時間最方便呢？跟今天一樣，找個周三，晚上七點見面，妳覺得怎麼樣？或是周四晚上，我們安排這次見面的時候，不就考慮過周四晚上嗎？」你的目標和以前一樣，就是抓住機會促成交易。在得到潛在客戶同意再次拜訪後，把「不買」變成「現在不買」，就促成了新的銷售機會。

甚至在有些情況下，要是潛在客戶不買你的產品，但只要他們表示喜歡你的產品，你仍然可以請對方把你推薦給其他人。原因很簡單，他們在公司沒有權力決定是否購買你的產品，不代表他們不認識有這個權力的人。如果他們真的喜歡你推銷的產品，就會很樂意推薦給有相似需求、更有可能立即購買的人。第十八章的主題就將說明如何獲得這種推薦。

面對真正的「不」

由於在銷售中，自我激勵是唯一的真正動力，所以你必須知道如何在心理上和情感上應對這些真正的拒絕。有些培訓師會告訴你，永遠要以達成交易來結束一天——如果交易沒有達成，至少再去拜訪一位客戶。你得知道哪種方法更適合自己，並在爭取下一次的銷售機會之前讓自己重新充滿力量，這一點很重要。

這些都是你在進行銷售陳述之前需要做好的準備。得事先想好如果沒有拿到訂單該怎樣做。換句話說，不要因此而受到打擊。

記住，潛在客戶只會給你三個基本回答：「好啊」「不了」「也許吧」。

你要盡可能地做好充足的準備，也要明白可能會有很多你事先沒有意識到的因素，對這次銷售造成負面影響。如果你不懂如何應對失敗或被拒絕，往往會還來不及享受頂級業務的生活，就放棄銷售事業。

處理「不」的準則之一，就是把它和「好」或「成交」聯繫在一起。根據你的銷售成交率，算出平均要聯繫多少人才能拿到一張訂單。然後，想想你平均能從每張訂單中賺多少錢。

舉例來說，如果每聯繫五個人就會拿到一張訂單，表示你會聽到一次「好」和四次「不」；如果每張訂單能賺一千美元，那這四次「不」都讓你離這一千美元更近一步。因此，你可以認為每一次的「不」都價值兩百五十美元。

這個公式就像這樣：

一千美元＝一次成交＝聯繫五個人＝一次「好」和四次「不」

所以每次的「不」等於兩百五十美元

這個策略假設的前提是，你聯繫每位潛在客戶時，目標都是拿下訂單。你很清楚，不是每次和客戶見面都會拿到訂單；你也應該明白，每次與客戶商議，都有機會拿到訂單。基於這個假設，該策略有助於你把重點放到行動層面上。

聽到四次「不」之後，接下來就會聽到那聲價值一千美元的「好」。每當你聽到一次非常明確的「不」，就可以在心裡說：「謝謝你的兩百五十美元（或者其他數額）。」然後，你就可以繼續為抓住下一個銷售機遇而努力，信心滿滿地覺得離拿到訂單又近了一步。這是個心理遊戲，會為你的銷售工作增加更多樂趣和舒適感。

把銷售當成比賽

和其他比賽一樣，這場賽事也是建立在策略、訓練和技巧之上。或許你是個體育迷，觀看自己最喜歡的隊伍比賽時，很享受由此帶來的興奮和刺激。最受歡迎的運動員如何應對未知狀況與對手行動也是比賽的焦點，更是全球體育迷觀賞比賽的樂趣所在。銷售也是如此。

你可以把人們對彼此的說服看成一項極限運動。每位客戶都是不同的，每個人都有：

一、不同的出發點。

二、不同的個性。

三、不同數額的資金。

四、不同的時間安排。

即便存在諸多不同點，但在銷售會面的過程中，一些基本的說服原則還是普遍適用的。也就是說，每次和客戶見面的情況既多變又有共同性，因此每趟拜訪都稱得上是為了說服客戶而進行的一次冒險。

身為業務，你對自己的產品、公司和產業的瞭解，讓你有機會為他人提供服務。其中有一部分就是向客戶說明，並嘗試各種方法來滿足他們的需求。不管在他們說「不」之前和之後，都是如此。這是一種值得為之驕傲和興奮的服務。

下一章將講述銷售過程中的不同模式，並介紹一個基本策略，讓你在客戶說「不」之後還能繼續促成交易。

重點整理

・在銷售過程中，要把客戶所說的「也許」視為「不了」，直到你把「也許」變成「好啊」為止。

・人們在感到困惑時會說「不」。

・如果提供客戶過多資訊，反而會因為資訊量超載或引起反感而失去客戶。相較之下，提供少量資訊是更好的方式，然後讓客戶主動詢問更多資訊。

・如果你首次要求完成交易時，客戶還是不斷想瞭解其他資訊，就要好好調整你的陳述方式了。

・客戶之所以說「不」，可能是「不，現在不買」。

・在證明產品所能帶來的利益時，你還需要證明自己的能力。

・在銷售中，提問的人會控制並引導整個銷售過程。

・業務的本職，就是說服客戶做出購買的決定。

・甚至在有些情況下，要是潛在客戶不買你的產品，但只要他們表示喜歡你的產品，你仍然可以請對方把你推薦給其他人。

03 如何避免失去銷售方向

多數業務遇到的最大困難，就是失去銷售方向。

他們嚴格按照自己事先排練過的銷售陳述或過程行事，並同時解決潛在客戶的問題，消除顧慮和擔憂。但是接下來，到了至關重要的環節——收尾，有時卻不知道如何自然地請客戶簽下訂單。

一般業務不是引導客戶做出購買決定，而是以一個詞就能回答的問題溝通。他們之間的對話可能是這樣的：

業務：「您還有什麼問題嗎？」

客戶：「沒有。」

業務：「我們今天談的對您有用嗎？」

客戶：「有用。」

大多數客戶不會說：「吉姆，我覺得這對我們公司來說，是一套非常好的解決方案。我們來把相關文件簽一簽吧」，然後再給你訂購單，訂好交貨日期。」他們通常會等業務來安排下一步該做什麼。

畢竟從會面開始到現在，一直是業務主導對話——提問、展示產品、消除客戶顧慮。客戶甚至沒意識到自己該做決定了，也不知道這在銷售過程中是很自然的下一步，而是在等待指引。一般業務可能並不確定如何在不失去客戶的情況下，引導他們進入成交這個環節，結果出現非常尷尬的狀況：客戶對業務和產品逐漸失去信心。

聽起來很耳熟嗎？這就是「失去銷售方向」。如果業務採取並遵循的是線性說服模式，就會出現這種情況。

線性說服模式

線性說服模式是這樣的：

建立融洽關係↓展示問題的解決方案↓回答問題

很多業務的工作步驟是：和潛在客戶見面後開始寒暄聊天，再針對產品或服務進行陳述，然後回答客戶的問題。接下來，他們就會自動進入「觀望銷售」模式，等待客戶進行下一步動作，而不是繼續掌控銷售形勢，再自然地收尾並成交。這種線性說服模式只會產生一個結果，就是失去銷售方向。

只要一失去方向，很多業務就會想當然地認為，不斷重複需要購買的原因，客戶最終就會說「好」。

他們是這樣想的：**只要客戶猶豫，就要繼續推銷、繼續施加壓力、繼續催促，直到客戶下訂單為止**。這非但不專業，每周都這樣工作的話還很無趣，不是嗎？但是為什麼還有這麼多業務都按照這個模式進行呢？

一、因為他們只學到這種模式，沒意識到說服客戶時，還能採取其他方法。

二、線性模式「有時候」很管用。如果你見過一定數量的客戶，基本上任何模式偶爾都很管用。但是，從長遠來看，採用線性模式的代價非常高，可能會白白丟掉很多訂單，還可能惹惱一些潛在客戶。

線性說服模式有助於業務順利完成銷售過程中的前幾個步驟，但這個模式並不完美，它有兩個缺點：

一、無法讓業務定位自己在整個銷售過程中所處的階段。

二、如果客戶不按照這個模式出牌、不在業務陳述或回答問題後說「好」，這個模式就不管用了。

大多數業務在剛開始和客戶見面時，就知道是否開局順利，並能判斷出客戶是否感興趣、自己是不是讓客戶感到舒適、自己的銷售陳述表現好不好、客戶是否有認真聽自己說話，以及是否理解和認同他們陳述的內容。即使在問答環節，大多數業務也都能判斷出客戶是不是認同他們的回答。

線性模式最大的問題不在於和客戶建立融洽的關係、展示問題的解決方案或回答問題，而是如果走到線性模式的最後一步，接下來該怎麼辦。當客戶瞭解自己的真實需求，問題也得到解答，難道……接下來什麼也不做嗎？基於這種想法，一般業務只會等著客戶主動說：「我買了。」

這個時候，一般業務會不斷重複相同的資訊、強調客戶需要購買這個產品的理由，直到他們最後讓步，決定購買產品。或是直到業務無話可說，沒拿到一張訂單就收拾東西離開。

記住：**陳述並不是銷售**。

改變話題

按照線性模式思考的業務，一聽到潛在客戶說「不」（只要不是在陳述結束之後說的），就會無所適從。因為他們不知道如何在匆忙之中調整策略，只是按照既有模式準備下一步該做的事，而這是一項真正的挑戰。

因為對業務來說符合邏輯的事，並不適用於客戶。事實上，當潛在客戶不按常理出牌時，常會讓業務猝不及防。這些業務只是努力遵守模式，而不是主動引導銷售過程，導致他們最終對銷售過程完全失去控制。

在銷售中，客戶做出理性的決定時會用到邏輯，但還得先投入情感。因此，專業的業務就擔負了一項至關重要的任務：透過恰當的言詞和行動，引導並掌控銷售過程，進而預測和應對客戶的下一步行動。優秀的業務可以很流暢地做到這一點，自然到客戶不會意識到自己一直受到引導。譬如專業的導遊只會講解遊客感興趣的景點，集中精力把這些景點講得生動有趣。

說服四步驟

身為專業的業務，不能只等著潛在客戶採取下一步行動，也不能讓客戶透過操控話題來掌控銷售進程。一旦這麼做，就等於把決定下一步怎麼做的權力交給客戶，而且你很可能不會喜歡他們控制下的銷售過程。

說服是個簡單的過程，只有四個關鍵步驟：

一、與客戶建立融洽關係。

二、瞭解客戶需求。

三、為客戶展示問題的解決方案。

四、收尾時向客戶提問。

即便說服這個動作很簡單，也不總是那麼容易做到，因為人很複雜。在你說服客戶購買產品的過程中，影響結果的因素不計其數。永遠要記住的一點是，客戶的出發點、個性、問題、時間安排和資金限制都是不同的。

有很多因素可以讓專業業務的銷售過程變得十分有趣——或讓人招架不住。你是否曾經覺得：「是不是需要先學會所有的銷售技能，才有能力和信心說服客戶購買自己的產品？」

答案是「不需要」！**如果你理解並實施說服客戶的四個步驟，就能開創一番事業**。多學一些銷售知識會不會有助於更有效地實施這些步驟，並提高銷售成功率？會的……但前提是，要妥當組織好這些策略，讓它們有助於你在和客戶會面時發揮最大的優勢。本書將介紹「說服客戶的循環」，讓專業業務透過易於記憶的方式，組織所有的銷售知識，進而好好運用以拿到更多訂單。

正確的推銷也包括向客戶提出恰當的問題。這個過程很簡單，但必須要學習和遵循。促成你和A成交的因素，可能與和B成交的原因完全不同，而且差別之大，沒有受過訓練的觀察者可能也看不出兩者的銷售過程是一樣的，直到走到了最後一步——拿到這兩張訂單。

根據你與A交易時掌握的資訊多寡，銷售起點可能會高於或低於與B的交易。這兩人有不同的個性、興趣、願望、需求、資金限制和問題。即使賣的是同一種產品，面對不同客戶時，你的思考過程可能會完全不同。

對於缺乏經驗的新手來說，這似乎難以理解。但好消息是，儘管銷售狀況可能各不相同、各具特色，仍然有一些簡單的原則可以幫助你拿到訂單。**簡單來說，如果理解推動銷售進程的基本因素，就能確定自己處在說服客戶的哪個階段，以及下一步該怎麼做。**

讀到本書的最後一章，就會徹底理解「說服客戶的循環」這個銷售模式的結構，讓你更有效率地賣出任何類型的產品或服務，並享受更多樂趣、贏得更多訂單，最終賺到更多錢。

重點整理

- 多數業務遇到的最大困難，就是失去銷售方向。
- 事實是，客戶常沒意識到自己該做決定了。
- 如果客戶不按照這個模式出牌、不在業務陳述或回答問題後說「好」，這個模式就不管用了。
- 講述並不是銷售。
- 在銷售中，客戶在做出理性的決定時會用到邏輯，但還得先投入情感。

第二部

說服客戶的循環

04 建立說服客戶的循環

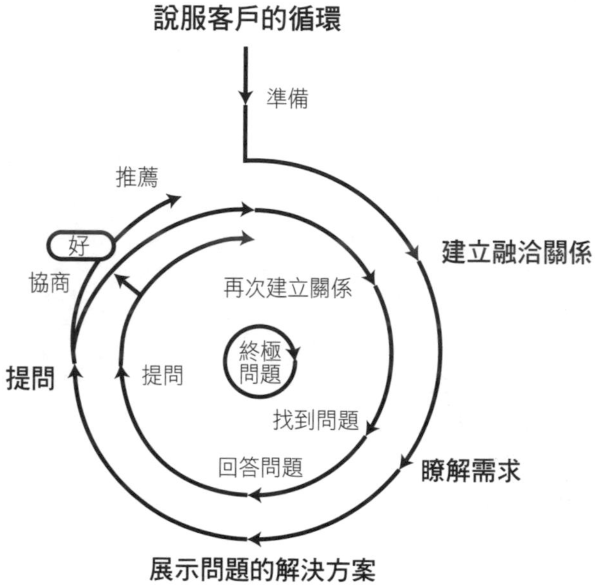

為了簡化銷售過程，希望你能開始遵循一個路線圖，以達到理想目標——拿到訂單。這個路線圖如上所示，稱為「說服客戶的循環」。

花點時間看一遍這個循環，每一步都仔細看看。請盡量記住這個循環的過程，因為這會是本書的重點，也是你掌握獨特有效銷售方法的關鍵，進而讓你的銷售事業大幅取得成功。在幾乎所有的銷售過程中，都有這四個關鍵步驟：

一、與客戶建立融洽的關係。

二、瞭解客戶需求。

三、向客戶展示問題的解決方案。

四、在收尾時向客戶提問。

最重要的是，當客戶在你完成第四步驟後仍拒絕你，這個循環還能幫你重新挽回客戶。此時，根據你在銷售過程中所處的具體階段，採取下一步行動前有以下三個潛在選項：

一、問一個問題，收集你需要的資訊或闡明你的觀點。

二、進行陳述、回答客戶的問題。

三、保持沉默。

就是這樣：四個步驟、三種可能採取的行動。說服客戶的循環既好理解又便於記憶。以下將簡單概述說服客戶的循環。

與客戶建立融洽的關係

在銷售過程中，經常會遇到客戶抗拒。為了緩解令人尷尬的氣氛，這時你應該和客戶聊聊天，消除這些阻力。在這個階段，也要同時證明你是值得信任的，好讓客戶放鬆下來，坦率地說出自己的需求、下一步希望做什麼。

瞭解客戶需求

在這個階段，要向潛在客戶提出恰當的問題，進而確定你是否能為他們提供幫助。接下來幾章將會具體闡述你該提出的問題類型，以及該如何逐步從建立融洽的關係到開始對產品進行陳述。最終，你會掌握一系列特定的問題，進而瞭解影響客戶購買的因素有哪些。這些問題將有助於你確定銷售陳述的重點，並在第一次和客戶見面時就拿到訂單。

向客戶展示問題的解決方案

在銷售陳述過程中，應提供客戶充分的理由，讓他們瞭解為什麼要購買你的產品或服務。並在描述產品特性和優點的過程中，體現出更高層次的產品價值。另外，你還要知道如何在面對價格更低的競爭產品時，凸顯出自己產品的價值。

很多專業業務認為，銷售陳述是整個銷售過程的主要環節。這種想法源於錯誤的認知：如果你教育了一個人，這個人就會買你的產品。事實並非如此。在說服客戶的循環中，你會看到銷售陳述只是向客戶介紹產品或服務資訊，提出問題解決方案的一部分。下一步的提問，才是主要環節。

收尾時向客戶提問

事實上，在你請求客戶做出購買決定的收尾階段才是主要環節。在此之前，所有與客戶的交流都是為了讓他下決定。記住：你的本職不是陳述，而是拿到訂單。在這個階段，你將認識到業務在結束銷售陳述時最常犯的兩個錯誤，以及「試探性促成交易」與「直接促成交易」這兩者的巨大差別。

內循環過程

恭喜！你已經完成說服客戶的循環中有關外循環的部分，並且引導客戶到了第一個需要做出決策的時刻。接下來，可能會出現以下三種結果：

一、客戶想買。

二、客戶想討價還價。

三、客戶提出問題或顧慮。

在這種情況下，說服客戶的循環能為你提供非常有價值的思路。回答問題或消除客戶顧慮時，要像當初引導他們做出第一個決策那樣，繼續採取以下四個步驟！到了第二輪說服客戶的循環，每個步驟會進行得更快，讓你離最終成交更近一步。

一、再次與客戶建立融洽的關係

回答客戶的問題或消除顧慮的第一步，就是要再次建立起融洽的關係。業務永遠要記住一點：對很多客戶來說，不管面對哪種類型的問題，做出重要的決定總是很難。「再次與客戶建立融洽的關係」和內循環中的其他步驟一樣，只需要花一點點時間就能做到，卻是至關重要的一步。你可以說：「很高興您問這個問題。」「謝謝您提到這個問題。」僅僅只用這一句話，就能向客戶傳遞一條資訊：沒有馬上說「好」也沒關係。你的目標是讓客戶放鬆下來，進而避免更加抵觸你推銷的產品或服務。

二、找到客戶的疑問

你不必馬上回應客戶關注的問題！你可以選擇向客戶進一步提問，以明確他們關注的點是什麼。你可以問：「這是您唯一的問題嗎？」「當我回答了您的問題，您今天就會下單嗎？」越是瞭解客戶產生疑問和顧慮的背景，就越能有效地給予回應，並促使他們決定購買。

三、回答客戶的問題

當你瞭解客戶的問題點之後，就要準備回答了。從本質上來說，你的回答是一次簡短的銷售陳述，只是先前正式銷售陳述的一小部分。接下來，下一個至關重要的環節來了——你要在收尾時向客戶提問。

四、再次於收尾時向客戶提問

回應了客戶的問題和顧慮後，要再次請客戶做出購買決定。在銷售過程中，提問的人掌控銷售的方向。**如果客戶向你發問，就要清楚地回答，然後再反過來向客戶提出一個問題，促使他們馬上做出購買決定。**

提出終極問題

說服客戶的循環什麼時候會結束呢？是不是要按照這個循環一直進行下去？不是的。在某個節點，你會發現自己已經回答了客戶所有問題，他們卻拖延著不做決定。

你的最後一步，事實上就是請客戶馬上決定。如果你竭盡全力做了一次詳盡的銷售陳述，還沒向客戶提出終極問題之前，絕對不要結束這次會面！到了這個階段，你不會有所損失，不管得到什麼結果都是收穫。

在此循環的最終環節，會需要使出一些談判技巧來面對部分客戶。有時他們會想要更改條款，你就得分辨出客戶是想談判還是在顧慮些什麼，並知道四個談判的準備步驟。談判會用上你的所有銷售技巧，是說服能力的終極證明。記住：當客戶開始和你談判時，就意味著他已經決定購買你的產品，現在只需要確定細節就行了。

後退一步

在說服客戶的整個循環中，有些細微差別和步驟可能會導致客戶萌生說「不」的想法。在深入探究前，需要先明白在剛開始銷售時，什麼情況會讓客戶擔心或懷疑你的產品，這正是下一章的內容。

重點整理

- 記住銷售過程中的四個關鍵步驟：一、與客戶建立融洽的關係；二、瞭解客戶需求；三、向客戶展示問題的解決方案；四、在收尾時向客戶提問。
- 當客戶仍拒絕你時，你可能採取的三種行動：一、問一個問題，收集你需要的資訊或闡明你的觀點；二、進行陳述、回答客戶的問題；三、保持沉默。
- 在銷售陳述過程中，應提供客戶充分的理由，讓他們瞭解為什麼要購買你的產品或服務。
- 記住：你的本職不是陳述，而是拿到訂單。
- 回答客戶的問題或消除顧慮的第一步，就是要再次建立起融洽的關係。
- 你不必馬上回應客戶關注的問題！你可以選擇向客戶進一步提問，以明確他們關注的點是什麼。
- 你的最後一步，事實上就是請客戶馬上決定。

05 客戶是因為你，才說「不」嗎？

讓我們退回到最開始。不是和客戶見面，甚至也不是第一次聯繫客戶，而是退回到遠在銷售過程開始之前，從你還在思考要靠什麼工作謀生的時候，坦誠地交流一下關於你自己，以及你對銷售事業的想法。

如果你不相信這份工作的價值，就很難為了做好它去盡你最大的努力。生活中很多事情都是如此，在銷售業更為明顯。**如果你不相信自己的產品或服務，別人也不會相信。**

你是否處於最佳狀態？

銷售這份工作需要你永遠處於最佳狀態。如果從事體力勞動，即使又累又餓、正在生氣或分心，仍然有可能按標準完成工作。

銷售工作不一樣，如果沒有處於最佳狀態，立即就會體現在結果上。銷售技巧如果運用得宜，客戶會渾然不覺；如果處於銷售最佳狀態，客戶會覺得你很討人喜歡，只不過湊巧瞭解你所銷售的產品罷了。

但是，一旦你不在最佳狀態，就會顯得你的銷售技巧非常拙劣。事實上，要是技巧不純熟或態度不好，會從你全身上下的各個毛孔散發出來。客戶會很明顯地意識到，你在他們身上使用學到的策略和技巧。業務很難在客戶面前掩飾自己對職業或產品的態度和感覺。如果你不喜歡自己的公司、產品或行業，他們馬上就感覺得到；如果你不想和某位客戶打交道，或是你不喜歡他這個人，他也會感覺到。

你是誰、相信什麼，以及如何管理自己的情緒和感受，都會影響你取得什麼樣的銷售成果、多大的職涯成功。因此，我們來分析一下每個人都會有的複雜想法和感受，看看它們如何直接影響業績。

你真的相信產品和服務的價值嗎？

你對自己的行業和所銷售的產品認同度有多高？銷售業裡有句格言——「不能推著空車沿路叫賣」（You can't sell from an empty wagon.），這句話對你來說有什麼意義？

這句話意味著，如果想在銷售這一行出類拔萃，你推銷的產品必須要有價值。因為潛在客戶在購買前，必須要先認同產品的價值，那麼你身為專業的業務，搶先一步認同其價值就顯得更為重要。

你覺得業務能賣出連自己都不認為有價值的產品和服務嗎？實際上，很多業務並不完全相信：

一、他們的產品或服務的價值。
二、他們的定價結構。
三、他們的公司能為客戶提供優質服務，或考慮客戶的最大利益。
四、他們的銷售經理或公司管理層很稱職。

你相信或認同自家公司和產業的哪些部分？現在該認真考慮這個問題了。你有多認同自己向客戶推銷的產品或服務，直接決定你能拿到多少報酬。事實上，你的薪資報酬像面鏡子，能反映出你為客戶提供了什麼樣的服務。多數人發現，如果不相信自己的產品對客戶有價值，就很難提供優質的服務。除此之外，這份認同度也直接影響著你對工作的滿意度，以及能在銷售業中發揮多大的潛力。如果你不喜歡自己的工作，就會在潛意識裡限制自己的能力，從而無法做到出類拔萃。

很多業務極為迫切地想要學習新的銷售技巧以增加收入，卻忽略了影響銷售技巧效果的內在動力。「對銷售業和自家產品的認同度，是職業生涯能否長久持續的基礎」，你認同這一點嗎？花時間思考一下自己對產業和產品的信念，會大幅提升你的銷售收入。

首先，最重要的是思考以下兩個問題的答案：

- 你為什麼要推銷這些產品和服務？

・它們有什麼特性引起你的興趣？

有人可能會認為，這些問題是在好奇產品和服務的特性和優點。但實際上，這裡說的是更深一層的東西——你為什麼選擇這一行、這間公司？如果看到客戶因為使用你推薦的產品或服務，生活變得更好或獲得更多利潤，是不是會讓你覺得興奮？花點時間列出客戶從你的行業、你的公司、你的產品、你的個人專長和服務所得到的價值。

既然列出了銷售過程中令人興奮的幾個方面，再寫寫你可能會在哪些方面遭到客戶的質疑，或令客戶擔憂：

・是定價結構嗎？
・是產品品質嗎？
・是公司的客服水準嗎？
・是公司的財務穩定性嗎？
・是關於這一行或公司的負面新聞嗎？

寫下來吧！在紙上寫下困擾你的問題，有助於釋放隱藏的精神壓力，以防對銷售工作產生負面影響，還能讓你更客觀地看待自己的憂慮。透過比較這些擔憂質疑的情緒，與銷售過程中令你興奮的部分，能讓你獲得一個全新的視角，最大限度地減輕負面感受。

這個過程會幫助你好好利用內在動力，在銷售事業中取得傲人的成績。現在，寫下你認為銷售中不那麼令人興奮的部分吧，然後想想這些會如何影響你的銷售結果，再思考如何才能改變這些問題影響你的程度。接著，在你能改變的方面付出努力。最後，接受那些你無法改變的部分。

如果你認定自己推銷的產品不好，就應該去尋找更好的產品。有太多業務都犯了同一個錯誤，即推銷容易賣或佣金高的產品。這種想法有一定的道理。然而，更好的辦法是在產品中找到你認同的價值。這樣做的原因是，人們在買東西時並不使用邏輯，而是先以感情決定，再用邏輯維護自己所做的決定。業務必須熱衷於自己推銷的產品、必須選擇自己內心喜歡的產品，然後再用邏輯說服客戶購買。

然而，現實情況是：如果想找到完美的公司或完美的產品，得花上很長很長的時間。沒有公司和產品是完美的。公司是由人組成的，而人是不完美的。如果你認為自己必須先找到完美的公司，然後才能盡自己最大的努力去工作，那你永遠都不會發揮出全部潛力。

那些偉大的公司也不是完美的。它們之所以偉大，是因為提供了客戶高價值和優質的服務。而且，如果它們犯錯誤，也會快速採取補救措施。

因此，問題不在於你的公司或產品是否存在瑕疵，而是你的公司是否提供客戶真正的價值、是否能讓你在推銷產品時有真正的認同感。

重點整理

- 業務很難在客戶面前掩飾自己對職業或產品的態度和感覺。
- 如果你不相信自己的產品或服務，別人也不會相信。
- 你有多認同自己向客戶推銷的產品或服務，直接決定你能拿到多少報酬。
- 你的銷售技巧越好，就越能選擇自己要在哪裡工作、能賺多少報酬。

06 你與客戶的關係夠融洽嗎？

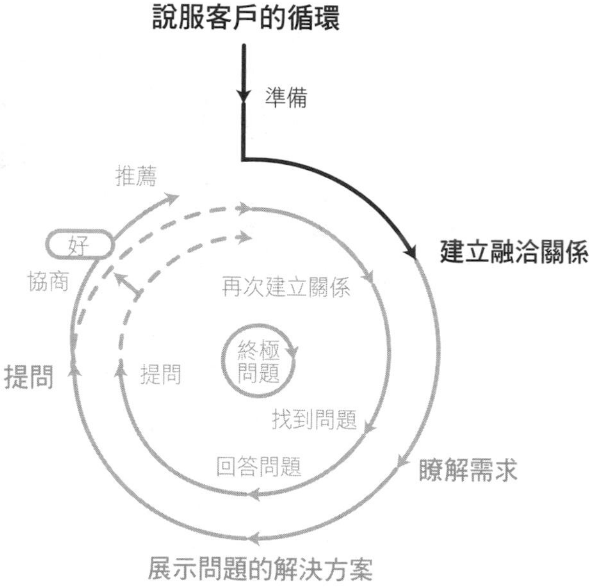

和潛在客戶見面時，永遠都要記得先和他們建立融洽的關係。這是基本禮節，也是公認的準則。這麼做可以讓你討人喜歡，還會讓客戶覺得你和他們是站在同一邊——是他們可以真正信賴的專家。

在所有銷售過程中，談正事前先與客戶建立融洽的關係，是非常重要的。

如果沒做好這一步或直接跳過，那麼之後在銷售環節中，聽到「不」的機率就會大大提升。盡量避免在不確定對方是否為目標客戶時，就直接展示產品——儘管運用某些銷售方法時，不需要在這一步花費太多精力，就能把產品推銷出去。

這種情況可能出現在提供應急服務的時候，比如暖氣維修。客戶多半會認定你是公司派來，有勝任能力的合格人員，很快就可以解決他們的問題，所以不在乎你和他們是不是有共同點。在他們心中，大家唯一的共同點可能就是都在努力解決這個緊迫的問題。你需要做的，就是保持良好的態度，而且工作時要秉持專業。

然而，這種情況並不常發生。幾乎在所有的銷售情況下，要讓客戶相信你的能力並且充滿信任，建立真正融洽的關係是非常關鍵的。

關係融洽，就能提高銷售成功率？

在多數銷售中，你所建立的關係融洽度，會直接影響你是否能夠拿下訂單。如果客戶感覺到你時時刻刻把他們的核心利益放在心上，就會更樂於回答你的問題，並講出自己的需求。**融洽的關係讓人覺得舒服，進而能夠培養信任**。建立了這樣的關係後，客戶會更加注意你的銷售陳述。而且，當你解答他們的問題或顧慮，他們也會更相信你說的話。

接下來，我們從最初的「約見客戶」部分開始，看看哪些做法是正確的，以及如何好好和客戶建立融洽的關係。

你已經到了客戶的辦公地點（或是客戶到了你的辦公室）。你現在和客戶面對面，該如何開始銷售？

一、微笑：這似乎是陳詞濫調，但要是知道每天臉上掛著自然微笑的人有多麼少，你一定會很驚訝。玩個遊戲：找一天看著鏡子或窗戶倒映出的自己，數數自己一共微笑了多少次。如果你看到鏡中的自己才露出笑容，可不能計算在內。如果你和潛在客戶見面時看起來不開心，對整個銷售過程更不是好事。

相同的策略也適用於電話銷售。客戶能從你的語調中，「聽」出你有沒有在微笑。這時可以考慮在桌上放面小鏡子，每天都能看看自己的臉，數一數鏡子裡的自己微笑了幾次。如果發現自己臉上大多數時間都沒有笑容，就把「微笑」兩個字寫在紙上，貼在電腦螢幕底端，或是其他你能經常看到的地方。然後，在接電話和打電話之前都要微笑。這聽起來似乎不值一提，但相信我們，這一點很重要。

二、**閒聊幾句：**你的目標是，發現客戶對哪些事情感興趣，並且享受幾分鐘的閒聊時間。主題可以涵蓋家庭、體育運動、寵物、興趣愛好、旅行和汽車等等。

注意！除非在特殊情況下，否則請盡量避免聊天氣。這個話題太老套，而且沒人能改變天氣。這種對話聊不下去。

為什麼要鼓勵你把寶貴的時間拿來聊與正事無關的事情呢？這是因為，客戶往往對銷售持懷疑態度，甚至是恐懼。這是他們從別人的經驗中學習到的，也正是他們對銷售產生抵觸情緒的源頭。很不幸地，人們對業務的看法有百百種，而且大部分都是負面的。你的潛在客戶多年來一直聽到的可能是：

- 有人花錢做了錯誤的決定，最後的結果很糟。
- 業務都是騙子，不能相信。

關於這一點，看看電影和電視劇如何刻畫業務就能明白。而和客戶建立融洽的關係，將有助於你打破多數人出於恐懼心理設置的障礙。

和客戶建立融洽的關係，絕不僅限於此。優秀的業務還喜歡花時間讓客戶知道，他們對自己而言不僅僅只是客戶。對其他業務來說，這種做法也能讓他們放鬆下來，緩解銷售前的緊張情緒，在舒適的狀態下談論業務。經過繁忙奔波又緊繃的一天後，最好做一下深呼吸，花幾分鐘讓節奏慢下來，再著手準備其他銷售工作。

閒聊是與客戶建立融洽關係的兩大主要方法之一。第二種方法則是透過非語言的行為，與客戶建立融洽的關係——稍後將具體講述這個部分。現在，請先記住以下幾點：

- 如果「說服客戶」是「引擎」，那麼「融洽的關係」就是讓發動機運轉的「油」。
- 融洽的關係會為你爭取到時間進行銷售陳述，並解決客戶的顧慮。
- 融洽的關係會增加客戶想與你有業務往來的可能性。
- 融洽的關係能讓客戶在你表述不清或犯錯時，顯得更寬容。

建立融洽關係的三大原則

要和客戶建立融洽關係，有三條原則。這些原則有助於你理解：為什麼融洽的關係，會提高客戶購買產品或服務的可能性。

一、客戶喜歡和自己有共同點的業務

你有沒有注意過朋友之間的行為？聊天時，他們的語速和聲調往往類似，他們的姿態、面部表情和手勢等行為也相近。當你與客戶建立融洽的關係時，就會出現這種改變，你和客戶的行為也會漸漸變得相似。隨著你們越來越像，客戶就會更容易喜歡你。

不信的話，想想上次和姿態、手勢都跟你不一樣的人在一起時的情景。最初，你可能覺得不太舒服——想盡可能明白那些姿態和手勢代表什麼意思。實際上，你是在試著把對方的身體語言，轉換成你能理解的東西。一旦你懂了對方想表達的意思，相處時可能就會覺得舒適一些了。問題不在於那個人是否討人喜歡，而是你有沒有理解對方的意思。

喬恩．伯格霍夫（Jon Berghoff）引用了蘇珊．坎恩（Susan Cain）的暢銷書《安靜，就是力量》（*Quiet*）中一句非常精闢的話：「人們並不是因為瞭解我推銷的東西才買的。他們之所以下單，是因為覺得我理解他們。」這就是與客戶建立融洽關係要達到的目標——讓潛在

客戶覺得你理解他們。如果方法得宜，這種理解能讓客戶在一定程度上喜歡你、信任你。

受到客戶的喜愛與成交機率有什麼關係？以下兩項原則解釋了其重要性。

二、客戶往往信任討人喜歡的業務

這是人的本性，而且多數情況下都是如此，當你與自己毫不瞭解的人接觸時更是明顯。比起不喜歡你的客戶，喜歡你的客戶更相信你對產品的描述。如果反其道而行，會降低你的說服效果。只要你做的事、說的話能讓別人覺得自在、放鬆，別人就會喜歡你。

三、客戶喜歡從討人喜歡的業務手裡購買產品

你有沒有遇過討厭的業務向你推銷產品？也許你不喜歡對方的個性或說話方式。當時你想和那位業務有業務往來嗎？可能不想。除非急需這樣產品，否則大多數客戶不會與自己討厭的業務有所往來。

請注意，與客戶建立融洽的關係是個「不得即失」的過程，而不是「回報」。之所以這麼說，是因為客戶喜歡你，不一定就會透過購買產品來回報你。然而，如果客戶討厭你，可能就不會與你有任何業務往來。缺少融洽關係的結果，就是連會面都沒得談。

舉例來說，業務的公司可能在業界處於領先地位、信譽也很良好。但是如果客戶覺得業

務狂傲自大、態度居高臨下，就不太願意下訂單。他們會做出這種決定，並不是因為產品和服務價值不高或定價不合理，而是因為業務看起來不討人喜歡。

這就是你在說服客戶時面臨的實際情況。在整個銷售過程中，你必須要建立並維護與客戶的融洽關係。

如何提升與客戶的融洽度

和開車一樣，與他人建立融洽的關係是種可以學習的技能。這項技能包含很多需要用到大量策略的具體因素和規則。

要與客戶建立融洽關係，有以下兩種基本方法：語言——透過你所說的話；非語言——透過你的行為。接下來，我們將分別深入分析這兩種方法。

一、透過語言與客戶建立融洽關係

業務在與客戶建立融洽的關係時，最常用到的方法就是聊一些雙方都感興趣的話題。例如，你走進客戶的辦公室後，花點時間環視一下辦公室。

- 如果看見客戶牆上掛著一個鱸魚標本，聊天時就該問些釣魚相關的問題。
- 如果看見客戶桌上放著家人的照片，就該問些家庭相關的問題。

• 如果看見體育比賽獎盃、汽車模型或國外旅行的照片，就該聊聊這些主題。
• 如果你做的是企業對企業的銷售，就可以問些關於客戶公司的問題，以及客戶本人在這家公司工作多久等。

閒聊是種與客戶建立融洽關係的好方法。如前所述，進入客戶辦公室後快速環視一下，會讓你明白客戶真正的興趣是什麼。當然，如果客戶不健談、辦公室內也沒有任何線索，真正的挑戰就出現了。

業務：「您有孩子了嗎？」
客戶：「沒有。」
業務：「接下來要去什麼好玩的地方旅行嗎？」
客戶：「不怎麼喜歡旅行。」
業務：「您有喜歡的球隊嗎？」
客戶：「不喜歡體育。」
業務：「您平時都玩些什麼？您有什麼愛好？」
客戶：「沒有什麼特別的。」
業務：「呃……」

如果閒聊是你和客戶建立融洽關係的唯一策略，那麼不健談的客戶就會嚴重衝擊你的銷售進程，也會降低成交機率。好消息是，這些客戶在你面前不健談，在你的競爭對手面前同樣也不多話。

如果客戶不怎麼愛說話，可以採取一種語言策略，讓這位潛在客戶意識到你們在很多方面都很相像。你可以這樣說：「我和您一樣也是消費者。當我考慮要買什麼東西，會希望推銷的人非常瞭解產品，幾乎能回答我提出的所有問題。我今天的任務就是成為您可以依賴的人，讓您能瞭解更多資訊。所以，您有什麼想法都儘管說，可以提出任何關於產品的問題和顧慮，我會盡我所能為您解答。」

這樣說，是試圖讓潛在客戶明白你是站在他那一邊的——你來這裡是為了幫助他。

二、透過非語言行為與客戶建立融洽關係

與客戶建立融洽關係的第二種方法，就是透過非語言行為。在銷售過程中，聲音和肢體語言會影響你和客戶之間的親密關係。「聲音」是指你的語氣、音量和語速；「肢體語言」是指你的姿態、面部表情和手勢。

與客戶交流時，語言和非語言的行為要保持一致。如果你稱讚自己產品價值時，聲音和肢體語言流露出不自信或猶豫，你的說服力就會大幅下降。套用一句大家耳熟能詳的話：在

銷售過程中，行動比語言更有說服力。

如果你對潛在客戶所說的話，與透過非語言行為表達出的意思相互衝突，就該重新審視一下你對公司產品或服務的認同度，以及對銷售事業的熱愛度。

正如第五章所述，你的認同度直接影響著說服力及隨之而來的銷售結果。你對產品的認同，會在不知不覺中透過聲音和肢體語言讓客戶有所意識。你瞞不了他們的！

接下來，一起詳細瞭解你的聲音和肢體語言如何影響銷售過程。

A、音調

音調是指在銷售過程中與客戶對話時的發聲方式。如果你主要是透過電話來銷售產品或服務（不召開視訊會議），你的音調就是進行非語言交流的唯一工具！

在銷售過程中，積極的音調會將你的熱情、對產品的認同度，有力地傳達給客戶。相比之下，持觀望態度的業務認為，產品或服務本身就可以說服客戶。他們覺得，熱情確實很有用，但客戶想買就會買，不想買就不會買。因此，這些靜觀其變的業務在銷售陳述時草草了事，很少會在意陳述的方式。如果客戶不直接購買他們的產品，這些怨天尤人的業務就會聳聳肩，然後開始抱怨命運不公，偏偏讓自己遇上這麼冷淡的客戶。

絕對不要犯這個錯誤！你如何講述內容，將直接影響說服客戶的結果。你如何促使客戶採取行動，將直接影響他們最終的購買決定。音調中最有說服力的三個要素如下：

・音量

注意你和客戶說話的音量。這一點非常重要。你和所有客戶說話時都用同樣的音量嗎？不。很多業務認為，想在說話時表現出熱情，就必須大聲說。事實並非如此。不管是大聲說話或輕聲細語，都能熱情地和客戶交流。

和客戶說話時該多大聲呢？運用和客戶建立融洽關係的三條原則，該把你的音量和聲音強度調整到與客戶相適應。

理想情況下，在開始對話的九十秒內，你就要和客戶的語速和音量保持一致。如果客戶講話很大聲，你也會想要提高自己的音量，進而和客戶保持一致。客戶說話大聲，可能是聽力有問題，也有可能平時就是大嗓門。

注意！當你覺得自己應該用比平時說話還大的音量對談時，別忘了考慮周圍的環境。你一定不希望看到自己和客戶互相大喊大叫吧。

如果客戶輕聲細語，你就要降低自己的音量。不必和客戶的音量完全一致，相對接近即可。之所以這麼做，是要讓客戶覺得和你在一起比較舒服。

在銷售過程中，業務要考慮客戶的想法。如果他們說話輕柔，你的聲音卻很大，客戶會不會覺得你是那種過於吵鬧的業務員？因而害你丟掉訂單？相反地，如果客戶說話洪亮有力，你的聲音卻綿軟溫和，他們會不會覺得你對自己的公司、產品或自己沒有信心？這可能會導致他們試圖主導銷售過程，而你因此失去對整個過程的控制權。

問題不在於大聲或小聲說話哪個更有說服力。在上面兩個例子中，關鍵在於你和客戶的音量不同。這件事影響深遠。如果音量差別過大，客戶的注意力會被分散，難以專注接收你在銷售陳述中傳達的資訊，所以通常會讓你拿不到訂單。與客戶交談時，要習慣保持與他們相近的音量，但不會與你平常說話時差太多。

・語速

在每個銷售過程中，你的語速都是一樣的嗎？這一點也很重要。根據與客戶建立融洽關係的原則，你的語速應與客戶相近。有些業務誤解「熱情表達」的意思，以為「說得快」就可以了。事實並非如此。無論語速快慢，你都能充滿熱情地和客戶交談。

業務通常認為，語速和音量是密不可分的。語速越快，音量就越大，而他們一般不會注意到這一點。但是，如果你的語速與客戶不一樣，他們可能會非常在意……並且就此打消購買的念頭。

關於語速，問題不在於快慢本身，而是你和客戶在語言行為上的差異，會破壞你們之間的融洽關係。所以，與客戶交談有個關鍵原則——行為或語氣不要與他們差太多，要讓客戶始終處於最舒適的狀態。

如果客戶講起話來從容不迫，你的語速卻快很多，可能會留給他們什麼印象？他們是否會覺得你是那種語速極快、讓人有壓迫感的典型業務？如果客戶是風風火火的急性子，對說話慢吞吞的業務又會有什麼想法？他們是否會覺得你不夠積極，或更糟的是，認為你反應遲鈍？所以，你的語速要和客戶的語速盡量相近。

・發音咬字

音調中經常被忽略的是咬字清晰。要記住一個原則：人們困惑時會說「不」。**如果你陳述完，潛在客戶只理解了八〇％～九〇％，他們下意識的反應就是說「不」**。

在與客戶見面的前幾分鐘，發音咬字尤其重要，因為那正是客戶適應你的聲音和銷售方法的時候。在這短暫的時間裡，客戶會對你產生一個印象，可能在後續的銷售過程中也很難去改變它。如果你發音咬字不清，客戶可能會認為不值得費力理解你所說的話。如果你投入大量時間和精力去安排和客戶見面，卻因為自己發音咬字不清，在剛開始幾分鐘就丟掉訂單，這難道不令人遺憾嗎？

在留言給客戶時，清楚表達你想說的話也是非常重要的。想像一下，事務繁忙的潛在客戶在聽數十條電話留言時聽了你的留言，但最後你在說自己的名字或電話號碼時，聲音含糊不清或語速太快，那會有什麼結果？你覺得這位潛在客戶會為了聽清楚你說的話，而不厭其煩地反覆好幾次嗎？可能不會。發音咬字要夠清楚，要讓人聽得懂。因為如果潛在客戶不明白你的需求，他們最有可能採取的行動，就是什麼都不做。

B、肢體語言

親自拜訪或以視訊與客戶交流時，要明白你的熱情以及對產品的認同度，大部分都能透過你的肢體語言表現出來。行動真的比語言更有說服力！以下幾種方法可以讓你的非語言行為像銷售陳述一樣，傳遞出相同的資訊，最終讓你拿到訂單。

注意！

- 每次與客戶視訊前都要先打開你的鏡頭，仔細看看對方將透過鏡頭看到什麼。
- 你的辦公桌很亂嗎？如果是，這不表示你是大忙人，而是你做事雜亂無章。
- 你背後有沒有什麼照片可能會分散對方的注意力？
- 你背後有沒有開著的門，是不是隨時有人會經過？
- 你背後的植物會不會看起來像是從你頭上長出來一樣？
- 你房間的燈光是不是太暗，或映出令人毛骨悚然的陰影？

我們並不是建議你，要用盡一切把辦公室打造成電影場景一樣，但要盡力保證潛在客戶除了看到你的笑臉和得體的姿勢之外，不會被任何事物分散注意力。

・姿勢

與客戶建立融洽關係的一個好辦法，是和他們保持相似的姿勢。根據與客戶建立融洽關係的原則，如果客戶坐得筆直，你也應該坐姿端正；如果客戶非常放鬆地靠在椅子上，那你也應該放鬆一些——但不要像客戶那麼放鬆，相近就好了。

你的目標不是模仿客戶的行為舉止，而是避免出現與他們相反的行為。大多數客戶不會有意識地注意你的姿勢，但如果他們和你在一起時感覺很舒服的話，就會留意這個部分。

姿勢的不同可能會讓客戶不舒服。如果客戶坐得筆直，辦公桌上堆滿各種工作文件，你卻放鬆、隨意地靠在椅子上，客戶會怎麼想？覺得你態度不積極？或者更糟的是，覺得這麼忙的情況下，你還不尊重他的寶貴時間？如果客戶放鬆地靠在椅子上，你卻坐得筆直、身體前傾，那他又會怎麼想？他可能會覺得你咄咄逼人，讓人有壓迫感。簡單來說，請盡量和你的客戶保持類似的坐姿和站姿。

面對客戶時，你的姿勢有以下兩種基本類型：

對稱型：意思是，客戶在你的正對面。不管坐著或站著，你的肩膀和腰都與客戶一樣遠。坐著的時候，你沒有蹺腳，兩隻腳都在地面上；站著的時候，兩條腿承受的重量一致，沒有靠著牆，也沒有斜向某一邊。

非對稱型：意思是，你的肩膀和／或腰稍微側向一邊，客戶的日光要偏向一定角度才能直接面對你。你的頭必須稍微側向一邊才能直接面對客戶。雙腿交叉也會造成姿勢不對稱。

在與客戶見面時，哪種類型的姿勢最具優勢？剛開始時，似乎對稱型姿勢更適合商務活動。因為你是參加商務會見，而不是社交活動，所以正式的姿勢更合適。但是，幾十年前可能是這樣，如今這種姿勢卻可能被下意識地視為一種侵略性姿態。由於銷售過程中的首要目標，就是要與客戶建立融洽的關係，因此與客戶姿勢相近，可能意味著要採用更為放鬆的非對稱型姿勢。這可以讓你透過肢體語言，證明自己和客戶是站在同一邊的。

對稱型姿勢更為正式，能體現出可信、權威，並且顯示你的注意力是集中在公事上的。相對而言，非對稱型姿勢沒有那麼正式，而且會表現出你的放鬆和舒適。適合的情境下，兩種姿勢你都用得到。

根據上面的解釋，你覺得哪種類型的姿勢在銷售過程中最具優勢？答案取決於客戶的姿勢。要記得，**與客戶建立融洽關係的首要原則：客戶喜歡和自己很像的業務**。如果客戶的姿勢比較放鬆，屬於非對稱型姿勢，那你也應該採用類似的姿勢。至少在與客戶建立融洽關係的初期階段是如此。當你與客戶成功建立起融洽的關係，並準備開始談正事之後，你就可以平緩順暢地轉換成更正式的姿勢。這裡的關鍵是「平緩順暢」。如果你突然或大幅度地改變姿勢，可能會在不知不覺中引起客戶的恐懼或抗拒。

這個時候，出現了與客戶建立融洽關係的最大優勢之一。前面提到，關係融洽的人在行為上往往會趨於相近。由於在銷售過程初期，你已經在非語言方面與客戶建立起融洽的關係。因此，如果你決定為了進行銷售陳述而轉換成更為專注的姿勢，此時客戶有可能跟著你改變姿勢。你可以透過非語言的方式，讓客戶過渡到更有利你銷售的環境中！**如果客戶跟著你一起變換姿勢，這可是個重要跡象，意味你已經和他們建立起非常融洽的關係，而且他們也有興趣聽你繼續說下去。**

如果客戶沒有跟著你轉換姿勢，就是在透過非語言方式暗示，你還沒有充分引起他們的興趣。這可能不是你希望得到的回應，卻是在進行銷售陳述前應該瞭解的重要資訊。如果出現這種情況，最好還是再換回和客戶相似的姿勢，然後向他們提問，確認對方是否願意聽你做銷售陳述。

注意！有時候，你可能會向外表非常有吸引力的異性推銷產品或服務。在和他（她）交談時，你可能會忍不住靠在椅子上，好好享受幾分鐘的放鬆狀態。這種閒聊未必是為了拿到訂單，僅僅是為了和外表具吸引力的異性閒聊而已。事先警告：你的客戶肯定能看出這兩者之間的差別。

從商業的角度來說，考慮到這些人可能整天都聽到供應商、業務及客戶這樣閒聊。如果你想從競爭對手中脫穎而出，就要專業一點，讓客戶覺得愉快、保持目光接觸、營造並維持專業的氣氛，透過非語言方式表明你來這裡就是為了公事。如果客戶主動和你閒聊幾分鐘，那也沒有關係。但是，他們可能會隨時釋放一些信號，暗示他們已經準備好將銷售進程向前推進一步了，你要隨時留意這些信號。

．距離

你站或坐得離客戶有多近，會影響你們之間的融洽關係。如果你太靠近，侵犯了他們的舒適區，之前與客戶建立起的融洽關係就會破裂。

美國人的舒適區通常是和他人保持六十至七十六公分的距離。你怎麼知道是不是站得或坐得離客戶太近了？從他們的行為就能看出來。如果客戶身體傾向另一邊，或者向後退了一步，那你可能就是太靠近了。男性尤其要注意和女性交談時的距離。儘管有些女性不在意你靠太近，另一些女性則會覺得非常不舒服，甚至可能導致你還沒開始進行銷售陳述，就已經丟掉了訂單。

另外，你和客戶的體型差異也是需要詳加考慮的。如果你身材魁梧，客戶卻是身材嬌小的女性或不太高大的男性，你肯定不希望自己就這樣聳立在客戶面前。否則，這可能會讓他們覺得你是在威脅（下意識的想法）。在這種情況下，要儘快坐下交談，進入雙方更加平等的狀態。如果你是身材矮小的一方，而客戶的體型比你高大許多，就要用更為正式的姿態代替體型，引起客戶的注意。

要明白，與客戶保持適當的距離非常重要。如果你站得或坐得離他們太近，侵犯了他們的舒適區，你聽到「不」的可能性就會增加。要確保自己沒有和客戶擠在一起。

值得一提的是，靠近客戶也有很多樂趣。下次站著和客戶說話時，可以後退一步，看看對方是否向前邁一步，或身體前傾來靠近你。如果潛在客戶這麼做的話，這就是一個很好的信號，說明你已經引起了他們的興趣！

・肢體接觸

莎士比亞曾表示：「該還是不該，這是一個值得考慮的問題。」套用這句名言，就是提出重要疑慮：該不該和客戶有肢體接觸？比如拍一下肩膀或後背，碰一下胳膊或擁抱，以及其他形式的接觸。

適當的肢體接觸有個好處，一旦得到對方的認可，這種接觸就能讓對方感覺到溫暖，並強化你們之間的融洽關係。壞處是，如果對方不喜歡，那麼你們之間的融洽關係可能就會因此破裂，甚至連訂單也跟著丟掉。

有些客戶會透過肢體接觸，露骨地表達感情；有些客戶則比較內斂，也不那麼情緒化。你最需要注意的是後者。也許你就是這樣的人。如果業務違背客戶的意願有了肢體接觸，訂單基本上也就泡湯了。

你永遠不可能知道肢體接觸對客戶的意義。特別是男性根本不知道和女性有了肢體接觸，對方會有什麼反應。在不瞭解對方的情況下，你願意因為覺得肢體接觸很單純、沒有惡意而丟掉訂單嗎？要記住一個原則：如果不確定，就不要有肢體接觸。

・握手

握手會讓對方覺得你是名專業的業務。握手的力道有個合適範圍。平時就要留心，這樣和每位客戶握手時，就能都用上最合適的力道。

此範圍的極端之一是「粉碎性握手」，也就是和客戶握手時太過用力；另一個極端則是「軟弱無力握手」，也就是沒出力。這兩種握手力道都無法讓銷售拜訪過程變得愉悅。

要能握得恰到好處，你的力道就要和客戶相近。**不能用同一種力道與所有客戶握手**。必須注意每位客戶的力道，並據此調整自己。握手並不是一門精密的科學，目標也不是要達到完美，而是避免與客戶的握手力道出現明顯差異。

握手會促成或破壞訂單嗎？也許不會，但是在拜訪結束時，很多這種「小細節」累積下來後，可能對你有正面或負面的效應。每個細節都很重要，雖然有些行為的重要性可能較高，但每個行為都舉足輕重。

提醒男性業務：你可能注意到了，當你向男性藍領工人自我介紹時，有種獨特的打招呼方式。與男性客戶握手時，猶豫和膽怯不會讓你贏得想要的尊重。向男性自我介紹時，要有目光接觸、自信地伸出手和對方握手、大聲地說出自己的名字。在保持目光接觸的同時，和男性握手也要用力。這種正面的第一印象，馬上就會讓你和對方建立起融洽的關係，並且提高說服成功的機率。

・散步

散步並不適用於所有銷售情形。如果過程中，需要你和客戶一起步行到他們辦公室的某個區域或場所，要確保你們的步速一致。忙碌的客戶做事積極，通常走得很快。如果你和客戶一樣也走得很快，就能透過這種非語言方式讓對方明白，你是一名積極向上、事務繁忙的業務，非常尊重客戶繁忙的排程，而且你們很相像。

如果你跟不上客戶的腳步，他們可能會覺得你不夠積極或比較懶散。即使你跟得上，但如果看起來得窮追猛趕的話，就會留下你平時節奏比較慢的印象。你希望留給客戶這種印象嗎？

有些客戶的步伐則更加從容。如果因為平時走得快，而一直走在客戶前面的話，他們可能會覺得你在催促，或是沒注意到他們身體有問題而不得不走慢一些。不要給客戶任何機會感到疑惑，要和客戶的步速協調，以提高你們關係的融洽程度。

重點整理

- 在所有銷售過程中，談正事前先與客戶建立融洽的關係是非常重要的。
- 建立了融洽的關係後，客戶會更加注意你的銷售陳述。
- 除非在特殊情況下，否則請盡量避免聊天氣。
- 喬恩·伯格霍夫：「人們並不是因為瞭解我推銷的東西才買的。他們之所以下單，是因為覺得我理解他們。」
- 在語言和非語言方面，都要與客戶建立融洽的關係。
- 如果你稱讚自家產品價值時，聲音和肢體語言流露出沒有自信或猶豫，你的說服力就會大幅下降。
- 在開始對話的九十秒內，你就要和客戶的語速和音量保持一致。
- 咬字要清晰。如果你陳述完，潛在客戶只理解了八〇%～九〇%，他們下意識的反應就是說「不」。
- 瞭解對稱型和非對稱型身體姿勢，並從中受益。
- 如果客戶跟著你一起變換姿勢，這可是個重要跡象，意味你已經和他們建立起非常融洽的關係，而且他們也有興趣聽你繼續說下去。

銷售實踐一 與客戶建立融洽的關係

為了讓你瞭解如何應用目前提到的策略，在此列出兩個在隨後幾章中也會出現的銷售情境。其中都穿插了一些冒失的問題，讓你知道如何選擇和運用這些策略來處理銷售狀況。先假設你已經完全理解了銷售過程，而且在隨後的幾章中也是如此。

情境A：商務場合的銷售拜訪

凱特停好車之後，在門外看了看潛在客戶的這家小企業。她想起今天的另外三場商務拜訪，每位客戶的企業規模都比眼前這間大。她把這個想法拋到一邊，伸手去拿銷售資料，讓自己把注意力集中在這次會面上。她拿出宣傳手冊並整理等會兒要用到的資料，然後往嘴裡塞了一顆薄荷糖。她閉起眼睛幾分鐘，想像著馬上要見到的客戶態度既友好，還積極回應她所說的話，而且最後還在銷售合約上簽字。

（想一想你如何在思考和情緒上為銷售拜訪做準備。）

在櫃台，凱特愉快地和接待人員打了聲招呼，讓接待人員帶她進辦公室。史蒂文斯先生正要掛斷一通電話，他朝她揮揮手，示意她坐在辦公桌前。凱特一直站著，直到他講完電話。史蒂文斯先生的皮膚曬成了古銅色，可能是在室外工作時曬的，也可能是在海灘上曬的，有些頭髮已經變成灰色。凱特猜測他可能六十歲出頭。

「不好意思啊，」史蒂文斯先生一邊放下電話一邊致歉，他從容的語速和輕微的口音表明他是南方人。「我的一個團隊在外面遇到了點難題。請坐。」他示意凱特坐在辦公桌前的椅子上。

凱特伸出手說：「您好，我是凱特．湯森。」她看著他的眼睛，有力地握了握手，力道和史蒂文斯先生差不多。凱特把自己的名片遞給他，然後坐了下來。在他看名片的空檔，凱特環視了一下辦公室。辦公桌後面的牆上掛滿了從狩獵比賽中獲得的獵物標本；辦公桌上的幾個樹脂玻璃小盒子中，裝著簽名棒球，棒球旁邊擺著幾張照片。其中一張是一名小夥子和兩隻獵狗的合影，其他照片則是史蒂文斯先生在專業體育賽事中和體育明星的合影。

（進入銷售環境中，你會注意觀察什麼？）

史蒂文斯先生往後靠在椅子上，看著名片自言自語道：「偉鉅公司。」

凱特端坐在椅子上，雙腳平放在地上，以對稱型姿勢面對史蒂文斯先生。她發現他手上沒戴結婚戒指，桌上也沒有看到任何女性的照片，她得不出任何結論，所以決定維持正式的工作氣氛，進而為他們之間的商務關係定下基調。她愉快地笑笑，沒有說話。

史蒂文斯先生繼續說道：「你們公司為什麼會派人來我這種小公司呢？」

凱特感覺對方正在打量自己。她笑著說：「每位客戶對我們都非常重要，先生。」

「叫我迪恩就好。」他很快說道。

看到對方先破冰，凱特說道：「迪恩，謝謝你今天抽時間見我。要找到這個地方就像探險一樣。」

「是啊，現在到處都在施工，路有點亂，比較難找。妳費了很大力氣才找到我們這個地方吧？」

「沒那麼費力，幸虧我有GPS（全球定位系統）導航。」她在史蒂文斯先生笑的時候停頓了一下，然後接著說：「您的公司在這兒多久了？」

（在與客戶見面時，你的開場白是什麼？）

「快十五年了。當時機場要擴建，我們必須搬遷。這裡有點偏僻，所以很少有車來。但這裡離機場很近，航運和旅行都非常方便。」

凱特示意史蒂文斯先生看他身後的牆。「這真是條大口鱸魚啊，牠不會唱歌吧？」她開玩笑說，因為她偶爾會在別人辦公室和家裡看到那種新奇的玩具鱸魚。

史蒂文斯先生哈哈大笑：「不是，這是真的。足足有一．八公斤，我在北方的小屋後面釣到的。看來妳挺懂魚的，妳喜歡釣魚嗎？」

「我喜歡吃魚，」凱特不假思索地說，「小時候，我那幾個哥哥幾乎每周都去釣魚。我們當時住的地方離一個大湖很近。」

「什麼都比不上剛釣到的魚，做成烤魚的話……」史蒂文斯先生贊同地說。

凱特注意到他剛剛說的是「我在北方的小屋」，而不是「我們在北方的小屋」，所以她決定不問任何關於配偶的問題，除非他自己主動談到。

（與客戶閒聊時，你會刻意避免哪些話題？）

凱特看著他桌上那張小夥子和兩隻獵狗的合影：「他穿的衣服讓我想起我的哥哥們，他在捕什麼呢？」

「白天抓鵪鶉，晚上捕浣熊。」史蒂文斯先生笑著說，「這是我兒子小迪恩，和這兩隻獵狗玩得不亦樂乎。」

史蒂文斯先生沒有再多說關於自己家庭的任何資訊，所以凱特換了一個話題。她看見側牆上掛著史蒂文斯先生的畢業證書。「阿拉巴馬大學。那麼您最後怎麼來這裡開公司啊？」

史蒂文斯先生自嘲地說：「這不是我選擇的。」在接下來的幾分鐘裡，他提到自己畢業後到一家公司工作，以及那家公司的問題如何讓他開創了自己的公司。

凱特聽著史蒂文斯先生講故事時，心情很複雜。高興的是，他們聊起來了，而這正是她提問的意義所在。同時，她又感覺自己的時間很緊湊，因為下午還有三個客戶要見，還有電話和郵件需要回，辦公室裡也有檔案需要處理。但她坐在這裡，把寶貴的工作時間花在和潛在客戶的閒聊上，聽他講自己的職業生涯故事。

她做了個深呼吸，放鬆了一下肩膀。她正在建立的這種融洽關係增加了拿下訂單的機率，而且奠定了獲得忠誠客戶的基礎。凱特收回思緒，把注意力集中在史蒂文斯先生身上，積極地聽他講話，用恰當的話語鼓勵他繼續分享自己的職業生涯故事。

「真的嗎？」

「那您後來是怎麼辦到的？」

「太不可思議了吧！」

凱特默默地把史蒂文斯先生遇過的挑戰記在心裡，心想自家公司的哪個產品可能會幫上忙。此時此刻，凱特覺得自己和對方的關係已經夠融洽了，便開始把聊天話題縮小到業務上。由於史蒂文斯先生信任凱特，願意跟她講講自己以前的事，所以凱特覺得他會暢所欲言，講一些自己的公司與目前供應商之間的事。把史蒂文斯先生之前的工作經歷和現在的職業發展連結起來後，凱特提了一個轉變性的問題：「那麼，你是怎麼開始使用〇〇產品的？」

（你如何決定何時從閒聊轉為商務會談？）

情境B：家庭場合的銷售拜訪

在一片樹木繁茂的住宅區裡，鮑伯把車停在一個形狀不規則的平房前，關上引擎，嘆了口氣。夜晚的微風靜悄悄地透過車窗吹進車中，他聽著鳥兒嘰嘰喳喳唱著夜曲。太愜意了……他寧願在家裡陪妻子和兩個孩子，但為了讓家人過上好日子，他在兩年前加入偉鉅房地產公司（主營住宅產品），正在發展自己的業務。他為了家庭而懷抱的夢想，需要豐厚的收入才能實現。打開資料夾時，他看了看妻子和孩子們在海灘上拍的照片，臉上浮現笑容，暫時忘記了白天發生的事。

（愉悅的心情如何幫助你更有效率地進行推銷？）

下午早些時候，鮑伯檢查了放在資料夾中的宣傳手冊，萬事俱備。他看了一眼這幢房子的前門，想像潛在客戶歡迎他進門，友好地聊天，在他進行銷售陳述時向他提問，並對他在收尾環節提出的問題給予積極回應。之後他闔上資料夾，下車朝前門走去。

快六十歲的詹森夫婦招呼鮑伯進門。鮑伯緊緊地和詹森先生握手，對方的握手也非常有力。詹森夫人也伸出手輕輕握了一下，鮑伯則以同樣的力道回應。他們請鮑伯進客廳，鮑伯坐下之前說：「非常感謝兩位今晚讓我來這裡！請叫我鮑伯就可以了，我能稱呼兩位詹森先生和詹森夫人嗎？兩位希望我怎麼稱呼？」

（你如何決定潛在客戶的稱呼？）

「叫我們蓋瑞、派特就行。」詹森先生用洪亮的低音說道。

詹森夫人點點頭表示贊同。鮑伯環視了一下客廳，注意到牆上掛的家庭照和藝術作品。他微笑著問道：「如果我們能坐在桌子旁，待會兒就能為兩位提供更好的服務，您們不介意吧？」他們同意了。鮑伯跟著他們走進了廚房，心裡覺得很高興，因為不知不覺中他已經早早掌握了這次會面的主導權。

鮑伯和蓋瑞在廚房的桌子旁坐下後，派特要端杯咖啡給鮑伯。因為自己坐得離兩人很近，他不想要講話時會傳出咖啡味。但是，既然潛在客戶要展現好客之情，鮑伯也樂於接受他們某種形式的招待。「不用了，謝謝您，一杯水就好！謝謝。」

（如果潛在客戶要請你吃東西或喝東西，你怎麼回應？）

蓋瑞靠在椅子上，於是鮑伯也做出類似姿勢。鮑伯看到訂製的櫥櫃、花崗岩工作台，以及鋪了瓷磚的廚房地板。「廚房真漂亮啊！」

「嗯，我們三年前重新裝修了整個廚房，」派特微笑看著自己的丈夫說，「是蓋瑞送給我的結婚二十五周年禮物。」

鮑伯點點頭說：「我喜歡櫥櫃下面的燈光。」

廚房是由蓋瑞和裝修商一起設計的。這時，蓋瑞盡情享受著別人對廚房設計的讚美。

「LED技術可以讓光線充足，同時又不會過熱，效果非常好。」

派特端給鮑伯一杯水，放在桌子上。鮑伯表示謝意後又繼續說道：「我們剛剛在客廳的時候，我注意到有一些和您家非常相配的藝術品，是原作嗎？」

派特笑著在鮑伯旁邊坐了下來。「我們有個朋友是當地的藝術家。她的作品很美，對吧？」

蓋瑞補充道：「很多年以來，我們一直在支持她進行藝術創作。」

「這些作品太棒了，」鮑伯帶著真誠的欣賞之情答道，「兩位是哪一個領域的藝術家？」鮑伯在問題中提到蓋瑞和派特的家，因為他的下一步就是要聊他們的家人，把話題引到正事上。

「我們不是藝術家，」派特說，「但我們的女兒喜歡製作陶器。」她指著在廚房櫃台邊擺著的幾個裝飾性小陶器說：「那幾個陶器就是戴安娜做的。」

「挺好玩的。客廳裡擺的是戴安娜的照片嗎？」鮑伯問道，又把話題拉回家人身上。

「是她，」派特答道，「那是她和我們的兒子史考特。史考特去年在西雅圖的一家科技公司找到工作，搬到那邊了。戴安娜明年年底大學畢業。」

「那將是令人興奮的一天啊。」鮑伯肯定地說。這時候，他已經與蓋瑞和派特建立起雙方都感到舒適的融洽關係。雙方聊得很愉快，自然而然地聊著一個又一個話題。兩位潛在客戶都參與到對話之中，鮑伯認為自己與對方的關係已經夠融洽了，於是決定按照「說服客戶的循環」，採取下一步行動。接下來，他為了瞭解派特和蓋瑞的需求，問了一些比較針對性的問題。

「等戴安娜搬出去住，兩位怎麼看待生活的改變？」

（如何確定何時不再繼續閒聊個人話題，而是轉為與業務有關的話題？）

07 瞭解客戶需求

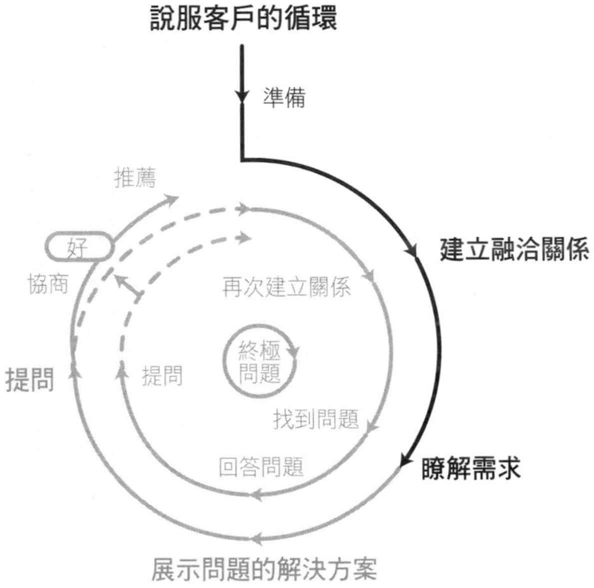

在銷售過程的初始階段，你要有意識地透過閒聊和類似的非語言行為，與客戶建立起融洽的關係。到了這個階段，你要把話題轉到真正的銷售目標了，即瞭解客戶需求。

為了把話題轉換到正事（銷售）上，明智的做法是設計並採用話題轉換策略。可以嘗試類似這樣的方法：「克拉夫特先生，首先要感謝您今天抽時間和我在這裡見面。希望我們能把這次會議視為一次探索性嘗試。也就是說，身為這個產業的專業人員，我的工作就是要讓您明白，我們這家充滿活力的公司能如何幫助您的企業。」

類似這樣的話不僅能讓你把話題轉到正事上，還能確保不會在當時的處境下增加壓力。你是在「探索」自己的公司能為他們做什麼，而不是在推銷東西——起碼當時還不是。

從閒聊過渡到業務洽談的另外一個策略是，和客戶談談議程。你可以這樣說：「羅伯特先生，如果您不介意的話，我想跟您說說今天要談的事項。首先，我會簡介一下我們公司的情況，以便讓您相信我們和對外宣稱的一樣，是業界頂級的專業公司。然後，我會問您幾個問題，以好好瞭解您的需求，希望能為您找出合適的解決方案。接下來，如果我們的產品和服務能滿足您的需求，我們就按照您的想法，盡可能深入聊聊解決方案。目標是確保您真的滿意我們提供的解決方案，然後好好考慮再做出決定。另外，也請您放心，我們公司和我個人，都不主張採取什麼高壓策略。我們明白自己的產品並非適合所有人。可能適合您，也可能不適合。我只希望您不要抱有成見。在這些都結束之後，您再告訴我，我們的產品是否適合您。您覺得如何？」

現在有些經驗老到的業務都不太敢說上面提到的話，尤其是主動說自己的產品可能不適合客戶。但是，無數例子都證明，這些話可以非常有效地減少客戶對銷售的抗拒情緒。基本上，這相當於允許客戶對你說「不」。在任何一種銷售情境中，客戶都會感覺到壓力，明智的做法是儘早替他們減輕這些壓力。

在向客戶介紹議程時（或者把話題引向銷售業務時），你要坐得更直一點。這是一種非語言暗示，提醒客戶該集中注意力了。如果他們也跟著你坐得更端正，或者身體前傾聽你說話，就意味著他們投入到與你的交流當中。如果他們沒有這種反應，你可能就需要改變一下方式，讓你們之間的關係更融洽一些。

一旦話題過渡到業務洽談階段，你就應該開始瞭解客戶的需求了，也就是做頂尖業務最擅長的事——提問。

問題就是答案

在說服客戶的過程中，為什麼提問如此重要？很多業務認為，銷售就是陳述——告訴客戶為什麼要購買。其實在說服的過程中，提供客戶購買前需要瞭解的資訊是非常重要的。記住：人們困惑時會說「不」。但是，你說的話永遠沒有客戶對自己說的話來得有說服力。無論你什麼時候向客戶提問，他們都會先在心裡回答一遍，即使有時候不會大聲說出來。因此，你的問題應該引導客戶對你的產品、公司，以及你個人是否有能力滿足他們的需求，發表自己的看法。

客戶經常向自己提問，不管是在內心想還是說出來。常見問題如下：

「這筆買賣划算嗎？」

「成本是多少？」

「這名業務是不是在浪費我的時間？」

「我能在別的地方買到更便宜的產品嗎？」

「這家公司會不會履行所做的承諾？」

「這名業務真的瞭解我的情況嗎？」

你無法直接控制客戶如何回答，卻能影響他們問自己什麼問題，這樣更有可能讓他們說出使你滿意的回答。這就是提問的力量！如果你能讓客戶對自己提出合適的問題，接下來就更有可能聽到他們說出你想聽到的答案。相比之下，如果你順其自然，任憑客戶在心中向自己提出任何問題，可能就不會喜歡他們的答案。

總而言之，在銷售過程中，誰提問，誰就掌控整場對話。**然而，如果你向客戶提問後卻沒有認真傾聽他們的回答，這些問題就不會幫你拿到訂單。**

想要有效地瞭解客戶需求，你的問題就要包含幾個層次。這代表你必須積極傾聽客戶的回答，進而確定你接下來想問什麼，並透過這種方式鼓勵客戶繼續說下去。在本章，你會瞭解到能透過哪些不同類型的問題及相應的答案，促使客戶說出需要哪些關鍵資訊，才能讓他們立即決定購買。

封閉式問題

你能向客戶提的問題基本上分為兩類。第一類是封閉式問題（closed-ended questions）。這些問題的答案只有一個詞，客戶只能回答「是」或「否」。銷售過程中，一般都會出現封閉式問題，但如果提問的時間不對，不僅無法讓客戶說出想法和需求，反而會讓你們之間的對話戛然而止。在瞭解客戶需求時，不能用以下封閉式問題開始：

「您想不想……？」

「您會不會……？」

「您是不是……？」

「您能不能……？」

「您是不是已經……？」

還有一些問題的內容不錯，但提問形式不對，就會阻礙客戶向你透露有用的資訊。

業務：「您經常使用我們這種類型的產品嗎？」

客戶：「是的。」

業務：「您近期會買我們這種類型的產品嗎？」

客戶：「不會。」

業務：「採購產品的時候是由您負全責嗎？」

客戶：「不是。」

由於封閉式問題會引導客戶只回答一、兩個字，因此業務無法理解客戶如何使用、近期為什麼不會購買，以及採購決策者是誰。在瞭解客戶需求時，要盡量避免提出封閉式問題，因為這會在你最希望客戶說點什麼的時候，導致他們緘口不言。

開放式問題

第二類是開放式問題（open-ended questions）。客戶不能只用「是」或「否」來回答，需要他們真正去思考並詳細闡述。在瞭解客戶需求時，你希望他們簡單回覆還是仔細回答，好讓你能充分瞭解他們為什麼想要及需要你的產品？（沒錯，這提問裡包含了開放式問題與修辭性問題。）

開放式問題基本上有六種形式，雖然你之前沒有歸類過卻已經非常熟悉了：

一、「誰……？」

二、「什麼……？」

三、「什麼時候……？」

四、「什麼地方……？」

五、「為什麼……？」

六、「怎麼……？」

開放式問題會讓客戶說出自己的需求、願望，以及購買流程方面的重要資訊。以下是一些開放式問題的例子：

「就您的行業而言，目前面臨的最大挑戰是什麼？」

「一年中，什麼時候是您的業務旺季？」

「您今年的經營目標是什麼？」

「貴公司在採購時是怎麼做決策的？」

「對於您目前的供應商，您的滿意與不滿意之處有哪些？」

簡單來說，開放式問題就是客戶無法用簡單的「是」或「否」來回答的問題！

思考一下你提出的問題類型，如何影響你與客戶見面的效果。以下兩位業務向客戶問的問題是一樣的，但提問方式不同：第一位運用開放式問題，第二位則提出了封閉式問題。經過一整天的奔波，拜訪完客戶後，這兩位業務回到辦公室，聊起他們這一天的工作。

第一位業務說，每位客戶都滔滔不絕地聊著他們的家庭、寵物、體育運動、旅行或愛好。他每次都請客戶抽出五分鐘見面，但客戶通常聊了三十分鐘後仍然意猶未盡。

第二位業務抱怨，客戶幾乎都不說話，只肯花一點點的時間與他見面。而且客戶通常態度冷淡，讓他只能在冰冷的氣氛中離開。

如果客戶回答你的時候總是應付了事，可能是因為你問了太多封閉式問題，讓他們只要用「是」或「否」回答就行了。

記住，在這個階段，只是讓客戶參與對話是不夠的。前面與客戶建立融洽關係的對話中，你就已經實現這個目標了。**建立起融洽關係後，就要提出開放式問題，以獲取拿到訂單所需的重要資訊。**

傾聽的技巧

問完開放式問題、鼓勵客戶開口說話後，你可以運用一些有效的傾聽技巧，讓客戶繼續說下去。

你和不專心聽你說話的人聊過天嗎？透過他們的非語言行為，就能感覺到他們的心思不在你這邊。如果客戶體會到業務並沒有專心聽自己說話，他們也會有相同的感受。業務問了一個問題……等到客戶回答了一半，業務就要決定該如何回應了。從傾聽到等待，這種非語言的轉變是瞬間發生的。就像一隻貓在等待撲向獵物的最佳時機一樣，業務要預測客戶什麼時候說完。業務甚至可以在客戶說話的時候加幾個感嘆詞，像是：「嗯，對啊，然後呢？……好的，沒錯。呃，您有沒有……嗯，當然……」透過這種方式重新控制話題走向。

你覺得客戶能感覺到你沒在聽他們講話嗎？（這是個封閉式的修辭性問題）他們也許無法發覺你表現出什麼具體的非語言行為，顯示出你沒聽他們講話，卻能意識到這個事實。如果客戶知道你沒在聽他們講話，可能就會覺得回答你的問題是浪費時間，這無法幫助你拿到訂單。

如何才能向客戶表明，自己正在積極地聽他們講話呢？就和運用提問技巧讓他們開口說話一樣，可以運用傾聽的技巧。接下來一起看看傾聽的技巧有哪些。

一、非語言傾聽技巧

在第六章，我們探討了非語言交流對於建立融洽關係的重要性。非語言行為的原則也同樣適用於傾聽過程。客戶在回答你的問題時，你如何透過非語言行為，向對方表明自己在聽他們講話？具體方式包括以下幾點：

- 保持目光接觸。
- 點頭表示認同。
- 客戶表現幽默感時，要微笑或大笑。
- 面部表情要認真。
- 身體微微前傾。

在明確客戶需求的過程中，你應承擔起顧問的角色，透過交流瞭解自己的公司如何完善地滿足客戶需求。想想你在這個階段有什麼感受？有什麼行動？

- 提問時你是否處於放鬆狀態？
- 客戶在回答問題時，你會不會因為構思接下來要說的話而局促不安？
- 聽到客戶有某項需求時，你會不會打斷他們，講出解決的方案？
- 你提問時的語速是不是過快，像機關槍掃射一樣？

如果你問完一題就緊接著問下一題，客戶可能會覺得你是在審問他們——就像我們上面提問的方式一樣。

對話是種口頭上的感情、知識、觀點和想法交流。在銷售中，對話也包括了資訊交流。

明智的做法之一是，問完一題後，隔一會兒再提新問題，以此向客戶表示你在認真考慮他們提供的資訊。

二、印證式傾聽，會促使對話繼續進行

印證式傾聽（reflective listening）是你與朋友、家人說話時的一種自然活動，其中包括了之前提到的非語言傾聽技巧，還有以下這種語言上的鼓勵：「真的嗎？」「再跟我說說。」「哇！」「後來怎麼了？」

當客戶回答你的問題，並向你透露一些有利於你拿到訂單的重要資訊時，你要對他們所說的話進行回饋。這能證明你積極地傾聽，也會鼓勵客戶繼續說下去。

舉例來說，你可以觀察一下電視或廣播脫口秀主持人如何鼓勵來賓講話。他們並不是像新聞記者那樣，提出一個又一個尖銳、簡短資訊性的問題。相反地，這些主持人會利用一些開放式問題和印證式傾聽的技巧，讓他們與嘉賓的對話既放鬆又不失熱烈。

有些方法可以取得這種效果，其中之一就是提出「印證式問題」——重複客戶剛剛說的話。比如客戶說：「預算這麼緊，不知道明年能做什麼！」業務回應：「您不知道怎麼在如此拮据的預算下工作，對嗎？」

這就是印證式問題。業務稍微改動了客戶所說的話，但這個問題反映出客戶話中的重

點，也證明了業務有認真傾聽他們說的話。

為了便於記憶，這個提問技巧也被稱為「豪豬提問法」。如果有人往你身上扔了一頭豪豬，難道你不會第一時間把牠扔回去嗎？假設一位潛在客戶問：「多久可以交貨？」不要直接回答：「三天」，而是輕輕地把問題再拋回給客戶，以獲得更多資訊。你可以這樣說：「您需要什麼時候交貨？可以給我一個時間範圍嗎？」

舉例來說，如果這位客戶需要在兩天之內讓產品入庫，你卻說需要三天才能交貨，這就會讓你拿不到訂單。相較之下，如果客戶說：「我們需要在十天內收到產品。」這時如果說出你的標準交貨時間只需要三天，在他眼裡你簡直就跟英雄一樣。

注意！如果你一口氣不停地連續丟出十個印證式問題，聽起來就會怪怪的。顯然，無論什麼策略，只要運用得過於頻繁，都會讓客戶不舒服，並且懷疑你在對他們採用某種策略或心理攻勢。此時客戶馬上就會產生反抗情緒。至於印證式問題可以用幾次，要用你的常識來判斷。如果有節制地加以運用，可以有效地鼓勵客戶向你透露一些重要資訊。

如果客戶提到了某項需求，而你想更具體地瞭解這項需求，就想想他話中的重點是什麼，然後用差不多的語氣和音量問一個印證式問題。然後，在客戶再次開口說話前要保持沉默。如果你保持傾聽的姿態，客戶就會明白你的意思，通常都會繼續說下去。

練習傾聽技巧

讓你的傾聽技巧付諸實踐吧！以下是本章提到的三個問題，每題都附有四種常見回覆。

案例一：

業務：「就您的行業而言，目前面臨的最大挑戰是什麼？」

客戶：「供應商履行承諾，按時交貨。」

你接下來要說的話，最接近以下哪種回覆？

A：「我們提供隔夜送達的服務。無論您何時要，都能確保您及時收到貨。」

B：「一年中，什麼時候是您的業務旺季？」

C：「多久內送達算及時？隔天到？還是一周內到？」

D：「您的供應商不按承諾的時間交貨嗎？」

在A回答中，業務面對客戶需求就立即開始推銷。這種回覆乍看好像是上上之選。

在B回答中，業務問了一個不相關的問題。雖然提問後得到一些有用的資訊，順利完成任務，接著要提出下一個問題。但是，是否應該再聊一會兒，以瞭解更多有價值的資訊？也許應該這麼做。

在C回答中，業務認真傾聽了客戶所說的話，然後基於客戶的回答，問了一個更加具體的開放式問題。這句話的意思是說：「您再多談談剛才提到的這個問題吧。」更深入地提問有個好處——業務可以利用瞭解的資訊，讓銷售陳述更具說服力，也更易於拿到訂單。要想達到這個目的，業務要向客戶說明公司的業務模式，如何確保客戶在希望的時間內收到產品。

在D回答中，業務把客戶話中的重點又拋了回去。這種回覆不會把客戶的注意力轉移到任何具體問題上，只是讓客戶繼續說下去而已。如果客戶對自己說的內容充滿熱情，這種類型的回答就會非常有用。如果客戶在聊某個話題時，情緒非常激動，那就讓他們好好釋放出來。幾分鐘之後，你可以用幾個更具體的問題，把對話引到其他主題上。

注意，在C、D兩種回答中，業務並沒有馬上開始推銷，而是在客戶提出自己的需求後，盡可能地多瞭解這項需求，待時機成熟後，讓自己的推銷更有說服力。

案例二：

業務：「一年中，什麼時候是您的業務旺季？」

客戶：「夏天那幾個月，還有感恩節和耶誕節之間的假期。」

你接下來要說的話，最接近以下哪種回覆？

A：「您今年的經營目標是什麼？」

B：「是夏天那幾個月最忙嗎？」

C：「我們在夏天那幾個月的庫存最多，能確保在客戶最需要的時候維持供應。」

D：「在夏天最忙的那幾個月裡，您的產品供應遇到了什麼樣的問題？」

在A回答中，業務決定不去瞭解更多客戶業務旺季的資訊，直接轉到下一個話題。

在B回答中，業務把客戶剛剛說的話又拋了回去。這讓客戶打開了話匣子，向業務透露一些關於夏天旺季的資訊。

在C回答中，業務聽客戶講述他們的業務旺季，認為庫存不足是客戶面臨的一大問題，於是馬上就開始推銷，向客戶解釋自己的公司為什麼會在客戶的業務旺季提供優質的客戶服務。這是一個很好的賣點……除非產品供應問題並非客戶主要關注的問題。

在D回答中，業務基於客戶的回答，提出一個更加具體的開放式問題。這個問題能讓業務明白，產品供應是否為客戶決定更換供應商的關鍵。如果不是，就可以在稍後的銷售陳述時弱化或省去這一點。這個開放式問題，會促使客戶透露他們在業務旺季遇到的其他問題。這在任何情況下都不失為一個好辦法。

案例三：

在這個例子中，你要引導自己與客戶的對話。為了證明你已經對此駕輕就熟，請個別做出以下四種類型的回覆。

業務：「貴公司在採購時是怎麼做決策的？」

客戶：「所有事情都得經過主管批准，他負責審核年度預算。」

現在，請個別做出以下四種類型的回覆。

A：把客戶剛剛說的話再拋回去。

B：開始推銷。

C：根據客戶所說的話，提一個更加具體的開放式問題。

D：進行下一個話題。

在A回答中，你重新拋給客戶的問題是否類似：「您和主管一起做採購決策嗎？」

在B回答中，你的推銷開場白是不是類似於：「我們網站上可以看到年初至今的所有採購資訊，讓您的主管可以準確地瞭解採購所需的預算！」

在C回答中，你是不是根據客戶所述，問了一個更加具體的開放式問題？比如：「您多久會和主管開一次會，討論採購相關決策？」

在D回答中，變換話題很容易——尤其當你沒什麼注意客戶說的話，並且打算無論他們說什麼，都不改變你的銷售陳述內容。如果你認真聽了客戶說的話，並做出相應的回覆，就能脫穎而出，打敗抱持等待和觀望態度的競爭對手。

提出印證式問題，或是根據客戶的回覆提出更加具體的開放式問題，通常都會得到更多重要的資訊，有利於你最終拿到訂單。

三、**記錄**

面對面與客戶交談時，如果能記下客戶偶然間告訴你的重要資訊，就能從競爭對手中脫穎而出。用信箋、活頁本、筆記型電腦或平板電腦記錄都可以。要避免在沒有告訴客戶的情況下，用手機做紀錄，否則對方可能會以為你在發簡訊給別人，沒在聽他說話。

關於記錄，以下有兩條實用的建議：

- 不要小題大作。「現在我就打開業務筆記本，做點筆記，讓您看看我是多麼重視您說的每一個字！」沒有哪個業務會真的說出這樣的話，但是你可以透過拿出筆記本的動作，暗示你會認真傾聽對方。
- 只記錄關鍵資訊。你是一名顧問，不是為了發布頭條新聞而採訪某人的記者。如果客戶告訴你一些重要資訊，就快速、簡要地記一下。如果客戶開始訴說他們遇到的具體困難，你就需要多記一些內容了。

做紀錄的另一個重要原因是，你之後能想起客戶所說的話。身為一名忙碌的業務，有很多事會占用你的注意力。如果你每周要見十位或更多客戶卻不記錄，怎麼記得住每位客戶說了什麼？僅憑記憶，肯定會忘記或混淆很多資訊。我非常贊同一句諺語：「好記性，不如爛筆頭。」

四、不要打斷客戶

最後這點應該是最顯而易見的，卻經常被忽視。當客戶在說一些有利於業務拿到訂單的重要資訊時，為什麼要打斷呢？這裡有兩個原因，希望這種情況沒有發生在你身上。

- **沒有養成良好的傾聽習慣**。別人說話時，如果你想起了什麼，是不是會習慣性地打斷別人？問一問你的朋友、家人和同事們。如果你發現自己經常打斷別人的話，千萬不要再這麼做了。這不利於你的交易，也會傷害你和別人的關係，還會破壞你與客戶之間的融洽關係。
- **無法控制自己的熱情**。客戶釋放的購買信號是不是讓你很衝動，一定要馬上開始推銷？客戶說：「老闆剛剛還在和我說要買這種產品……」然後你就脫口而出：「……

如果您這個月買，可以打九折！」

熱情在銷售中是個優點，但必須要加以控制。如果每次看到客戶釋放出購買信號，就馬上激動地跳起來，這種無禮的打斷肯定會讓客戶心煩，破壞已經建立起來的融洽關係，錯失可能有利於你最終拿到訂單的關鍵資訊。

舉例來說，如果業務沒有打斷客戶，他們可能就會在這個購買信號上加一個限定條件：「老闆剛剛還在和我說要買這種產品，但他想等過幾個月再買，等報稅季過了。」

這個新資訊會改變你的銷售陳述內容。如果多聽一會兒，你就能明白：想當天拿下訂單，就必須強調現在購買有什麼好處、過一段時間再買有什麼壞處。如果繼續提出一些開放式問題，你可能就會瞭解為什麼客戶想等一等。也許老闆擔心要繳一大筆稅款；也許他正在出售其他資產，等賣出後才有可用資金；也許他想等到旺季，看看到時候有多少現金流可以用來購買你的產品。簡單來說，要控制住自己的熱情。

如果你在進行銷售陳述之前，知道了這些問題的答案，就能據此調整你的陳述內容，進而避免在收尾階段出現不必要的阻力。

結束銷售陳述時，因為你會請客戶立即下單購買，他們通常因此有所顧慮。當你竭力消除他們的顧慮，並冒著「我是對的，你是錯的」這種危險想法時，很可能會聽到他們說：「對，但是……」來拒絕你。奇怪的是，如果在進行銷售陳述前，客戶就提出相同的顧慮，他們此時就只要回答你的問題就好。如果你在進行銷售陳述前，能盡可能讓客戶多談談他們的顧慮，就可以調整銷售陳述，掃清障礙，並在最後拿到訂單。

習慣性打斷別人的話，注定會讓你的銷售陳述變成「一體適用」，無法針對性地滿足每位客戶的需求。過去，你的銷售陳述可能就是這種情況，因為你沒有發現助你拿下訂單的購買動機。這種方式屬於觀望式銷售。是否根據客戶的顧慮調整銷售陳述的內容，是有效的銷售陳述和一般銷售說辭之間的區別，也是頂尖業務和普通推銷員之間的不同。一體適用的銷售陳述說服客戶的力道，永遠都比不上針對性的陳述。你曾對客戶進行一體適用的銷售陳述嗎？

重點整理

- 要知道如何設計並運用話題轉換策略，把對話從閒聊轉向銷售業務。
- 如果你向客戶提問後卻沒有認真傾聽他們的回答，這些問題就不會幫你拿到訂單。
- 由於封閉式問題會引導客戶只回答一、兩個字，會讓業務難以進行銷售陳述。
- 開放式問題需要客戶真正去思考並詳細闡述。
- 始終透過非語言方式向客戶表明，你有在聽他們講話。
- 適當記錄，會讓你從競爭對手中脫穎而出。
- 熱情在銷售中是個優點，但必須要加以控制。

08 提出探索性問題

在銷售過程中，你說的每句話、做的每件事，都應該是為了讓客戶更有可能馬上購買你的產品或服務。事實上，經過謹慎思考的問題，通常能夠幫助你做到這一點。

記住，開放式問題會讓你得到很多重要資訊，進而在銷售過程結束時拿到訂單。但是，如果你提出的問題，無法讓客戶透露拿到訂單所需的全部具體資訊，此時提出一系列的「探索性問題」（discovery questions）倒是大有裨益。這些問題能讓客戶告訴你更多關於購買過程、對產品的期望等資訊。

探索性問題分為四個基本類型。無論你身處什麼領域，這些問題一體適用，能解決所有銷售情形中最常見的客戶顧慮。你的目標應該是適度調整這些問題，將其運用在你與客戶的對話當中。根據你的行業，可能需要問一、兩個與本業相關的探索性問題。

舉例來說，如果你是名房產經紀人，客戶想買一幢房子，重要的探索性問題之一就是：「您同時還有和其他房產經紀人接觸嗎？」如果答案是肯定的，你卻沒有發現這個情況，客戶可能會利用你投入的時間和精力找房子，但最後成交的卻是其他房產經紀人！

如果你是名經理，正在和大廈業主洽談，希望讓你們公司負責這座大廈的中央空調系統或電梯維修。此時要問的探索性問題就是：「您目前的維修協議什麼時候到期？」如果不瞭解這個資訊，你可能就會為了檢測大廈設備而投入公司資源，卻發現對方近幾年無法和你們簽訂這份協定。

避免意外

提出探索性問題，主要是為了避免在收尾階段發生意外。在進行銷售陳述之前，任何一個沒有搞清楚的問題或客戶顧慮，都可能成為之後的潛在障礙。如果你直到做完銷售陳述才發現客戶有所顧慮，可能會驚訝地發現這些問題其實都可以提前消除。銷售過程中的意外已經夠多了，不需要你再多製造一些。在銷售過程初期，探索性問題可以讓你瞭解到很多常見的、反覆出現的顧慮，進而避免意外發生。

四個探索性問題

探索性問題一：「由誰來做最終決定？」

在銷售過程的收尾階段，客戶可能搬出的拒絕理由是：「呃，最後不是我說了算。」銷售中容易犯的一個錯誤，是試圖讓非決策人做出購買決定。這個問題換句話說就是：「除了您，誰還有可能參與最終的決策過程？」

在進行銷售陳述之前，明白是誰做購買的決策，有什麼好處？

一、你不會浪費任何人的時間。你既不浪費自己的時間，也不浪費對話者的時間。如果你發現對話的另一方並非決策者，那就進行一部分銷售陳述即可，以此證明你應該得到機會，當面向決策者進行銷售陳述。

二、你可以做些安排，讓真正的決策者聽你做銷售陳述。你如何請求與最終決策者見面，會影響到非決策者如何回答你。比如你問：「我能和你們的老闆見面嗎？」此時，這個封閉式問題只會讓對方給你一個「是」或「否」的答案。這個問題本身就假設了一個可能性：你或許見不到老闆。這種封閉式問題會讓下屬很容易對你說「不」。然而，如果用開放式問題來提出同樣的問題，就可能產生完全不同的結果：

「我什麼時候能和你們老闆見面？」

「安排我和你們老闆見面，需要做些什麼事？」

「怎麼才能安排我和你們老闆見一面呢？」

這些開放式問題都假設了一個事實：與老闆見面是可能的。這種「積極」的假設，會讓你更有可能得到滿意的答覆。即使沒有，也會讓你得到更多資訊，不會讓對方的答覆僅僅局限於「是」或「否」。這些資訊可能也會為你創造與老闆見面的機會。比如，對方的下屬可能會對你說：「不行，我們老闆住在市區外。」

所以，至少你瞭解老闆的關鍵資訊，而且你能提議換種方式和老闆安排一次會議。

「什麼時候最合適和你們老闆安排一次電話會議呢？」

「你們老闆多久會來市區一次？」

「你們老闆在市區的時候，若要安排一次會議，需要做些什麼事？」

注意，這個探索性問題會避免對方用拖延當成拒絕的理由，如：「我得問問老闆同不同意。」如果你進行銷售陳述前，先讓對方回答這些探索性問題，收尾階段時，就幾乎不會遇上「買不買，不是我說了算」的意外，因為客戶和你見面後不久，就會表明自己是不是唯一的決策者。

把對方的下屬培養成你的業務員

如果無法直接接觸決策者，你會怎麼做？對方下屬說：「老闆交給我的工作就是篩選供應商。我會轉達您的資訊，把您和其他供應商的企畫書一起交給他。」

在這種情況下，你與這位下屬之間的融洽關係就顯得特別重要。人們都偏好和自己喜歡的人做生意！因為對方下屬可以隨意處理你交給他的產品供應企畫書，所以維護並加深你們之間的融洽關係，對你總是會有好處。

如果你在進行銷售陳述前，發現這位下屬並非決策者，就可以好好利用銷售陳述的過程，把他培養成你的業務員。你的陳述內容不變，但要把這位下屬當成你的引薦人。如果你尊重他，他就會更放鬆，也會轉達更多關鍵資訊給決策者。

一、**捉住宣傳重點**。對方下屬通常記不住你的產品具備的十個優點，當然也無法轉達給決策者。他們最多只能記住兩、三個關鍵優點，因此在銷售陳述過程中，你要強調最重要的那幾個要點、透過提問來確定決策者最希望解決哪些難題。另外，也要詢問還有哪些供應商提供了解決方案。各家公司多半都不介意告訴你這些資訊，而你身為一名專業的業務，會非常瞭解競爭對手的優勢與劣勢，進而在你的企畫書中針對性地加以處理。

二、**準備印刷資料，讓下屬轉交給決策者**。在適當的情況下，你要主動把介紹資料交給對方下屬，裡面要包含銷售陳述的基本要點。這份資料能讓對方下屬在與決策者討論你的產品時，具備清晰的條理。首先要列出最有說服力的產品優點，而且資料上的內容越簡短越好，沒有必要給對方下屬很多份資料。

三、**繞過對方下屬，直接與決策者接觸**。只有在其他辦法都不奏效的情況下，不得已時，才可以死馬當活馬醫，把這個方法當成最後的選擇。否則，這算不上什麼好策略，反而對你與對方下屬的關係產生不利影響，而你和他以後可能還需要合作。在任何情況下，通常最好遵守對方公司的規矩，這樣更有利於與決策者保持長期的業務合作關係，也更能讓對方把你推薦給其他客戶。在本書最後一章，我們會探討如何讓客戶把你推薦給其他潛在客戶。

探索性問題二：「決策者打算什麼時候購買？」「您什麼時候需要解決方案？」

這個問題針對的是客戶經常給的含糊回答——「我再想想」。如果你已經知道他們什麼時候需要解決方案，也就知道他們什麼時候需要下訂單。這個問題的答案，非常能夠幫你營造出一種緊迫感，促使對方今天就做出決定。

有沒有可能出現這樣的情況：與你對話的客戶是唯一的決策者，但他們確實需要過一段時間才能決定是否購買？當然有可能。

- 也許客戶在等資金到位。這筆錢可能來自退稅、產品結算費用；也許客戶在等待會影響預算的銷售報表等。
- 也許客戶正要出門或正要延長休假。
- 也許負責採購的經理剛辭職，客戶必須先填補這個職缺，然後才能購買你的產品。

・也許客戶習慣先瞭解一下最終使用者對產品的回饋，而且想等到有了幾個備選之後，再決定是否購買。

如果你發現客戶打算和你會面之後，過幾周或幾個月再決定，你在銷售陳述的過程中就一定要強調馬上購買有哪些好處、晚點再買又會產生什麼後果。你要確保自己明白客戶為什麼要一段時間才能做出決定，進而告訴客戶有哪些合理的替代方案，讓他能夠馬上下決定。舉例來說，如果客戶是因為財務問題而拖延，也許可以分期或信用卡支付。客戶還可以和你簽訂一份協定，規定好資金總額，之後先付一小筆訂金，再以較低的利率付清尾款。

如果你在銷售陳述期間，無法改變客戶晚點再做決定的想法，就要想方設法搞清楚他們何時才能下定決心，然後在會面結束前達成雙方都認可的後續跟進協定。當天你可能拿不到訂單，但等到客戶可以真正做決定時，你就可以憑這份協議把競爭對手排除在外了。

探索性問題三：「如果您決定買進這款產品，現在有可用資金嗎？」「如果敝司產品已經可以完全滿足您目前的需求，還有什麼因素影響您今天做出購買決定嗎？」

客戶可能給出的拒絕理由是：「我現在沒有資金。」你肯定是抱著今天就拿到訂單的想法在做銷售陳述，最後卻發現客戶當下缺乏資金。

請注意，這個探索性問題針對的是「客戶有沒有能力購買你的產品」，而不是你的產品價格。如果客戶沒有可用資金，又怎麼能在收尾階段立即決定購買呢？這個問題與前一個問題有些相關，因為兩者都關係到客戶的資金什麼時候到位。

如果你在進行銷售陳述之前，發現資金對客戶來說是個難題，就可以在陳述過程中重點闡述這個部分。如果客戶說：「至少六個月之內，資金無法到位。」你還有什麼辦法？

接下來要提出的問題，取決於你所在的行業或具體的產品或服務類別，可能包括：

「如果應付款項可以分次給付，會不會有幫助？」

「您能以信用卡支付，或者申請一筆短期貸款嗎？」

「您有沒有興趣瞭解一下我們公司的各種付款方式？」

如果你想不出讓客戶立即做決定的辦法，就一定要和他們確認資金到位的時間，然後盡量在結束會面前和客戶簽訂後續跟進協定。

探索性問題四：「價格是您唯一需要考慮的因素嗎？還是品質也同樣重要？」

客戶的拒絕理由可能是「太貴了」。此時，業務很容易犯一個錯誤——試圖與以價格取勝的競爭對手比價格，卻忽視了你的公司本應以產品價值取勝。

瞭解客戶面臨哪種資金問題是很重要的。否則，你會不必要地損失一部分利潤。比如在收尾階段，你請客戶馬上做決定，但客戶說：「我不知道資金夠不夠。」你隨即就說：「如果您現在決定採購，我替您打九折！」客戶瞬間就喜笑顏開了：「謝謝你給我折扣，但問題不在價格，而是我的現金流。我現在沒有足夠的現金來買你的產品。」

哎呀！如果你把價格和資金問題弄混了，當客戶問你資金上還有沒有別的辦法時，你可能就會不必要地替客戶打折。這個錯誤的代價實在太大了！

你可能會發現，關於價格和資金是個二選一的問題。在這裡，適合用封閉式問題讓客戶給出準確的答案。

注意！在第七章，針對封閉式問題的警告是：你與客戶剛見面時，應該鼓勵他們和你對話。此時不應該問封閉式問題。但到了這個階段，馬上就要開始進行銷售陳述了。你需要瞭解非常具體的資訊，從而讓你為客戶提供的解決方案更有說服力。因此，這時候提出封閉式問題對你更有幫助，能瞭解這些具體資訊。

第四個探索性問題問的是，決策者最關心的是不是價格的高低。這種非此即彼的問題，可以把非常清晰的選擇題擺在客戶面前——不論品質如何，最看重的是價格；還是品質也是一個重要的因素？這個探索性問題直擊說服的核心。

銷售分為兩種基本類型：賣價格和賣價值。如果賣價格，業務可以說：「您應該跟我們買，因為我們的產品價格最低。」如果賣價值，業務可以說：「我們的產品最物超所值。」

在一定程度上，你們公司的產品或服務可能兩者兼有。關鍵是，你的主要賣點是最低價格還是最優價值。

由於這個探索性問題的答案非此即彼，因此客戶的答案通常是二選一。有些客戶會說：「完全取決於價格。我只想聽你的價格能多低。」如果客戶這樣回答，你的銷售陳述就必須進行如下調整：

- 讓價格更有競爭力。
- 如果與競爭對手相比，你的產品價格更有競爭力，卻不是十分明顯。比如你的產品具備某些性能，而競品的這些性能要額外收費，那就要向客戶解釋清楚。
- 說服客戶，品質遠比價格重要（比如最便宜的產品在未來五年內就會被替換）。

還有一些客戶的回答會包括這兩點，比如「品質對我們來說很重要，但我們也想讓價格優惠一些」。如果你推銷的是高價值產品，這種回答一定是你希望聽到的，因為你可以向客戶解釋自己的產品如何同時兼具高價值與高優惠。

記住，如果想讓你的銷售事業盈利豐收，關鍵就在於提問。並不是問什麼都可以，而是要能獲得當天拿到訂單所需的資訊。如果你需要多次拜訪客戶，每次的提問都必須能更瞭解客戶的產品採購過程，讓你離拿到訂單更進一步，只要你瞭解以下資訊：

- 由誰來決定是否購買。
- 什麼時候能決定是否購買。
- 客戶的資金什麼時候能到位。
- 客戶最在意的是產品價格還是價值。

要根據每個客戶的不同購買動機，進行有說服力的銷售陳述。以下的銷售情境，是先前案例的延伸，強調了本章提到的銷售策略。

重點整理

- 提出探索性問題，主要是為了避免在收尾階段發生意外。
- 如果最終決策者的下屬不讓你與決策者直接見面，你最好把對方的下屬培養成你的業務。
- 如果潛在客戶無法馬上做決定，或是當時沒有可用資金，就要繼續提問，看看有沒有其他辦法可以讓對方當天就決定購買。
- 客戶怎麼回答探索性的問題，有助於你確定哪些解決方案對他們最有說服力。

銷售實踐二 瞭解客戶需求

情境A：商務場合的銷售拜訪

凱特已經和史蒂文斯先生建立起非常融洽的關係。現在她準備把話題轉移到業務上，並且收集一些資訊，進而為史蒂文斯先生做一次有針對性、說服力強的銷售陳述。她的目標是，結合史蒂文斯先生與她閒聊時提到的商業經歷，以及他目前面臨的商業挑戰。凱特先問了一個轉變性的問題：「您是怎麼開始使用〇〇產品的？」

史蒂文斯先生跟凱特說了一個自己在工作中遇到的情況。當時他的團隊遇到一個難題，他們用〇〇產品解決了難題，就一直沿用至今。這讓凱特有了提出開放式問題的機會。

「現在您的員工在施工現場是怎麼使用〇〇產品的？」

「他們使用目前的〇〇產品時，有哪些難題需要解決？」

「您目前的〇〇產品供應商為您提供的服務如何？」

「您目前使用的〇〇產品，有哪些可以改進的地方？」

凱特打開她的資料夾，大概記錄一下史蒂文斯先生提到的重要資訊。她並沒有單純地重複記錄，而是寫下自己的產品在哪些方面可能優於他目前使用的產品，她會在銷售陳述中提到這些關鍵性的筆記內容。

（你的潛在客戶透露的哪些資訊是值得記錄下來的？）

提出這些問題的同時，凱特也在對話過程中穿插了幾個探索性問題，用來確認史蒂文斯先生的購買動機是什麼。她猜測史蒂文斯先生是企業的唯一老闆，但她還是問了「由誰來做最終決定」這個探索性問題，以確認他是唯一的決策者——「迪恩，如果涉及採購○○產品這種經營決策，是由您來做最終決定嗎？還是其他人也參與決策？」

「呃，我都會和現場施工的工作人員商量，因為他們一天到晚都在用○○產品，」史蒂文斯先生答道，「但最後我說了算。」

他的回答證明凱特的猜測沒錯——史蒂文斯先生是主要決策者。

凱特更加興奮了：第一，史蒂文斯先生目前面臨的難題，顯然她的公司都能解決；第二，史蒂文斯先生能自己決定跟哪家公司採購。

接下來，她決定問「打算什麼時候購買」這個探索性問題：「您之前說，目前使用的○○產品有些問題。您目前與這家供應商的合約什麼時候到期？」

「我們去年和現在的供應商終止了年度合約。現在我們每個月簽一次服務協定。」史蒂文斯先生說。

這正是凱特希望聽到的回答。為了確認對方能不能當天就決定購買她的產品，她又問了一個問題：「如果您發現其他選擇對公司更有利，您是否隨時都可以換一家供應商？」

「沒錯。」史蒂文斯先生答道。

（你的潛在客戶透露的哪類資訊，會讓你不禁想立刻開始推銷，而不是繼續瞭解更多資訊？）

史蒂文斯先生說他的團隊非常忙。從這一點來看，他的公司蒸蒸日上。然而，凱特明白公司業務量大，未必表示這家公司很賺錢。凱特又問了「可用資金」這個探索性問題，以確認對方的財務狀況——「如果您決定換一家供應商，那您現在有可用資金嗎？」

「我們有這筆預算，」史蒂文斯先生說。這句話讓凱特意識到他的公司財務狀況不錯。他也希望告訴凱特，自己是一位很有耐心的買家。「但現在，我們還在湊合著用目前的產品。」

「我明白。我想和您再談一下目前使用的設備。但首先，我還有最後一個問題。」凱特知道自己的競爭對手是家奉行低價策略的當地小公司，所以她問了那個關於「價格」的探索性問題——「價格是您選擇〇〇產品時主要的考慮因素，還是品質也同樣重要？」

史蒂文斯先生往椅子上一靠：「我們一直都在留意哪筆買賣最划算，但目前使用的〇〇產品，讓我們最近開始出現工期延誤的情況。」他搖搖頭，「我也不知道。這個問題已經讓我們開始負擔額外成本了。」

凱特對他目前的所有回答都很滿意，而且覺得銷售進程正在順利向前推進：

- 她為自己塑造了嚴謹的商務人士形象。
- 她與客戶建立了公務上的融洽關係。
- 史蒂文斯先生回應她提出的問題，並慢慢顯示出對目前〇〇產品供應商的不滿。
- 她瞭解客戶的購買動機，並且將在銷售陳述中根據客戶的商業經歷列舉若干例子。

她現在已經準備好為客戶提出解決方案了。凱特從包裡拿出了一台平板電腦，開始進行銷售陳述。

情境B：家庭場合的銷售拜訪

鮑伯與蓋瑞、派特聊了一些雙方都感興趣的話題（他們的房子和家人），建立了非常融洽的關係。現在，鮑伯把話題轉移到與業務相關的主題上，想要瞭解派特和蓋瑞對〇〇產品的需求。鮑伯問：「等戴安娜搬出去住，兩位怎麼看待生活的改變？」

蓋瑞和派特認真地看了對方一眼，然後開始跟鮑伯講起他們感覺以後生活上會出現哪些變化。鮑伯在認真傾聽的同時，也在腦中記下〇〇產品會解決他們的哪些需求，並提了幾個印證式問題（如下），以此鼓勵他們繼續說下去。

「真的啊，那麼多？」

「服務差？您的意思是……」

「哇！他們是這麼說的？」

「然後發生了什麼事？」

在對話過程中，鮑伯問了幾個跟自己所在行業相關的印證式問題，透過這種方式聊到他們兩人的具體情況。

「兩位覺得○○產品有助於滿足您們的哪些需求？」

「到目前為止，您覺得○○產品用得怎麼樣？」

在回答這些問題的同時，蓋瑞和派特提到他們對○○產品的幾個顧慮。鮑伯還沒有準備進行銷售陳述，所以他回應：

「這都是大家經常提到的問題，再過幾分鐘我替兩位解答一下。」

為了鼓勵蓋瑞和派特繼續闡述他們的需求，鮑伯又問了一個問題：「兩位剛剛談到了○○產品的使用體驗，您們覺得怎麼樣？」

（如果你為了瞭解客戶需求正在向他們提問，而他們反問時涉及的資訊，正是你打算稍後在銷售陳述中闡述的內容，該如何讓他們繼續把注意力集中在你提出的問題上？）

幾分鐘後，鮑伯聽完了蓋瑞和派特的回答，非常瞭解兩人對○○產品的看法。鮑伯在腦中記下他們的顧慮，而且計畫在銷售陳述的過程中，針對性地打消他們的顧慮。

鮑伯差不多準備好開始進行銷售陳述了。但首先，他想透過四個探索性問題，瞭解他們的購買動機。他問的第一個問題是「由誰來做最終決定」，以確定誰會參與決策——「兩位也知道，〇〇產品在一定程度上會影響到整個家庭。為了確保我沒理解錯誤，我想請問是由兩位決定，還是家裡其他人也會一起做決定？」

派特很快答道：「哦，不是。我們想做的事都由我們自己決定。」鮑伯看了一眼蓋瑞，蓋瑞點點頭表示贊同。

鮑伯接著提出「打算什麼時候購買」這個探索性問題：「幾分鐘前，兩位表露購買〇〇產品的興趣。大概會是什麼時候？幾周、幾個月，還是幾年之後？」

他們聽到「幾年之後」都哈哈大笑。蓋瑞說：「我們女兒明年年底就會畢業，但我們不想等到那時候再買。如果划算的話，越早買越好。」

鮑伯想進一步縮小這個時間範圍，避免客戶在銷售過程後期找理由拖延購買。「您說越早越好，是指幾天之內，還是幾周之內？」

派特和蓋瑞互相看了一眼。蓋瑞聳聳肩說：「如果划算的話，可能這個月就買了。」

（如果潛在客戶不直接回答你的關鍵問題，該怎麼辦？）

鮑伯思考了一下他們的回答。他問了兩次，他們沒有給出確切的答案，但似乎當天晚上就可以做出決定。到目前為止，鮑伯已經確定對方就是決策者，而且也許能馬上做決定。接下來，鮑伯問了「資金」方面的探索性問題，以確定他們有沒有資金立即購買產品——「謝謝。如果有○○產品滿足兩位的所有需求和條件，目前有可用資金能購買嗎？」

蓋瑞很快回答：「呃，這取決於○○產品本身怎麼樣。」

「那是當然，」鮑伯贊同地說道，「我們就來談談這個。但是若您發現有款產品正好是您和派特想要的，是否有可動用的購買資金呢？」

鮑伯以假設的方式提出這個問題，為的是不讓對方覺得回答了就是承諾購買。他不是要逼他們買，只是想知道他們的帳戶裡有沒有充足的資金。如果他們說「有」，他就明白少了一個障礙，潛在客戶更有可能當天晚上就決定購買；如果他們說「沒有」，他就會在銷售陳述中詳述公司有什麼付款方式，可以讓他們先買入這款產品。

蓋瑞瞥了派特一眼，聳了聳肩說：「有，只要我們喜歡這個產品就行。」

「好的。」鮑伯說。他繼續提出關於「價格」的探索性問題——「派特，您之前提到對價格的一些想法。我想請問兩位，是否享有最低價格非常重要，還是品質也是非常關鍵的因素？」

「呃……」他們同時回答並陷入短暫的沉默。派特總結了一下他們的回答：「價格很重要，但我們希望產品品質也可以讓我們滿意。」

「沒錯，」蓋瑞補充道，「如果產品不像你說的那麼好用，那浪費的這筆錢實在不是小數目。」

鮑伯認同地點了點頭，他已經完成進行銷售陳述的目標：

- 他與蓋瑞、派特建立了非常融洽的關係，雙方都感到很自在。蓋瑞和派特兩人都集中注意力參與對話。
- 蓋瑞與派特對〇〇產品表達出一些顧慮，於是鮑伯意識到自己必須在銷售陳述中，多花一點時間特地打消這些顧慮。
- 鮑伯發現了派特和蓋瑞的購買動機，並確定他們是唯一的決策者。
- 蓋瑞和派特也許能馬上做決定，但鮑伯感覺到一些遲疑。
- 蓋瑞和派特有可用資金購買產品。
- 蓋瑞和派特願意考慮買價值高的產品，而非只想要最低價格。

（你如何判定什麼時候該開始進行銷售陳述？）

鮑伯打開他的筆記本，準備好進行銷售陳述了。

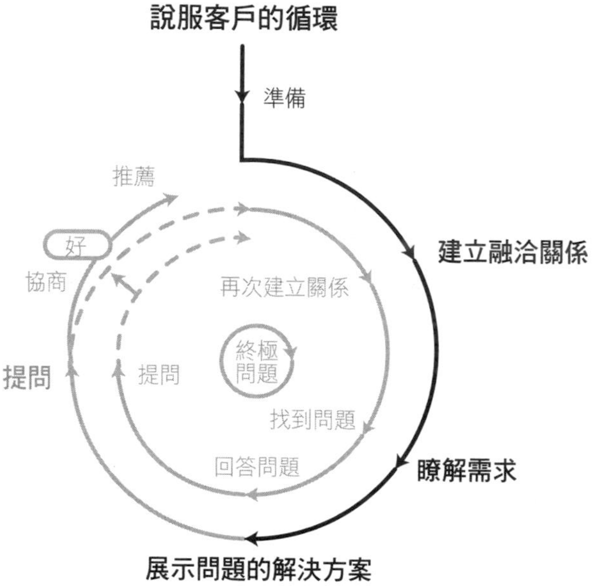

09 緩解客戶的抗拒情緒

既然你已經與客戶建立了融洽的關係，並透過探索性問題瞭解對方的想法和需求，接下來就該用恰當的方式展示自己的產品，逐漸緩解客戶的抗拒情緒，提升他們對銷售的接受度。

普遍認為，只要進行客戶教育，就能讓他們決定購買。這種觀點的依據是：客戶教育的過程等同於說服的過程，如果客戶教育到位了，他們就會買。

但事情會永遠都這樣發展嗎？你是否曾經對潛在客戶進行了長時間的客戶教育，說明購買你的產品有哪些好處……而且他們也認同你的銷售陳述內容，但最後沒有買。你有過這種經歷嗎？

事實上，如果業務認為客戶教育等於說服，只會得到最壞的結果——結束銷售陳述後，往往會鬆一口氣，想著：「主要工作已經做完了。我熱情地向潛在客戶說明了為什麼應該購買我們的產品。接下來就是回答客戶提出的所有問題，然後看看他們下一步怎麼走。」這就是觀望型銷售，你肯定不希望自己處於這種境地。

什麼是銷售陳述

銷售陳述是交流資訊的過程。你告訴對方某些資訊後，就會提出請求並得到回饋。獲得的回饋資訊可以引導你下一步的行動，進而讓客戶滿意並留住他們。

在每周的工作中，你都會進行幾十次銷售陳述。以下是相關範例，但你之前可能並不覺得這些屬於銷售陳述的範疇。

一、**回答問題**：客戶可能會打電話給你，針對產品的使用情況問你一些問題。不要只是簡單回答問題就掛掉電話，你要利用這個機會，讓客戶意識到你有能力解決他們的問題並提供優質的服務。你兌現了自己進行銷售陳述時許下的承諾。

二、**解決問題**：如果你的客戶遇到了產品性能方面的問題，在解決問題的過程中，你可以提出投資新一代或更高級的產品，以此滿足客戶目前在產品性能方面的更高要求。

三、**客戶服務：**你可以打電話給客戶，表示最近訂購的產品正在配送途中，並利用這個機會表現出你非常在意他們享受到的服務——讓對方明白，你在公司可是有為他們謀福利的。與客戶或潛在客戶的每次交流，都應該視為一次主動的銷售陳述，藉此向對方再次推銷自己公司的品牌，以及身為專業業務的自己。

銷售陳述的技巧

儘管銷售陳述的內容因所在產業而異，還是有些通用的技巧可以增加說服力。進行銷售陳述時，非語言行為仍然比說什麼影響更大。接下來，本書將分析銷售陳述的聽覺和視覺效果，並探討幾個重要概念。這些概念能轉化一般的銷售陳述，變成更有說服力的行動呼籲。

一、理所當然的口氣

這是你最有力、最具說服力的武器。談論你的產品或服務時，永遠都要像說「太陽每天東升西落」一樣充滿自信；音調要和說「地球是圓的」時一樣肯定。換句話說，要確保你說的話聽起來毫無疑問、充滿自信，不要聽起來好像心存懷疑。

有時候，業務在說最後一句話時會提高音調，聽起來就像發問一樣。他的本意是陳述事實——「我們的服務非常好。」但由於句尾音調高了起來，所以客戶聽到的就是——「我們的服務非常好？」

疑問的口氣無法說服對方。你能以任何語句結尾，就是不要用疑問句，因為疑問語氣會降低你拿到訂單的可能性。記住潛在客戶買的是保證，而不是疑問。

用理所當然的口氣說話時，句子結尾的聲調會稍微低一些。試試這個方法：在你說一些自己非常確定的事情時錄音，前提是你說的這件事情大家都知道是真的。你從自己的聲音中聽到肯定的口氣了嗎？聽聽別人自信地說某件事時的口氣。他們如何發聲才打造出毫無疑問的感覺？在聲音和性格的自然範圍內模仿這樣的音調，在聲音中增加自信。

二、問題 vs. 陳述

在銷售陳述過程中，只要時機合適就提問，不要說明。你問的大多數問題應該都不需要對方口頭回應，而是在心裡思考。銷售的基本原則是：只要對方認真聽你說話，就有可能買你的產品。

問題會讓對方思考並做出回應。當他們在心裡回應時，你一定要記住：他們是在心裡從自己的角度出發，來回答你提出的問題，並不是像你一樣把話直接說出來。

很多業務認為，有說服力的銷售完全靠陳述。實際上，客戶在聽你說話時，也會在心裡與你對話。潛在客戶心裡的對話才會說服他們做出購買決定，而不是你做的陳述。

如果客戶心裡想的一直是價格，這時你問對方品質有多重要，他們必須先想想「品質是怎麼回事」，才能理解你的問題。在你提出問題之前，他們可能從來沒有想過品質這個概念，所以光是他們琢磨品質的概念這件事，對你來說就是一個巨大的勝利。這代表客戶的想法已經有所調整，開始按照你的價值定位思考問題了。這並不意味著你已經銷售成功了，而是現在的處境更有利於你成功拿到訂單。記住，銷售陳述就是為了讓潛在客戶好好考慮要不要買你產品。

此時以問題形式向客戶介紹品質的重要性，會有什麼影響？客戶不僅會考慮品質這個概念，而且由於你提問了，對方還會考慮這個問題的答案。

如果你只是說：「品質很重要」，客戶可能就會像聽銷售陳述中的其他內容一樣，被動地聽聽而已；如果你問：「此產品的品質，會怎麼影響你的接受度？」客戶就無法只用簡單的「是」或「否」來回答，而是會聽到自己內心做出的答案。這樣你就在更深的層次上影響了客戶，因為你讓對方認真思考了你選擇的話題。這個現象的原理是：如果你說了什麼，客戶可能會懷疑真假；如果客戶說了什麼，那就一定是真的。

這是否表示我們能控制客戶內心的想法和結論？不是。我們最多只能影響他們思考問題的角度。如果我們能明白自己的說話方式，如何影響了客戶的思考過程，就能再更深入地向客戶介紹自己的銷售觀念，而且還會更有說服力。

三、表明你希望他們做什麼

當你向客戶進行銷售陳述時，不管是說明還是發問，絕對要告訴客戶你想讓他們做什麼，而非不想讓他們做什麼。

如果你說：「想像一下，今天陽光明媚。」客戶隨著你的陳述，一定會在腦中想像出陽光明媚的場景。雖然他們想的可能跟你不一樣，而且那個想像的畫面可能瞬間就會消失，但在一定程度上，客戶會為了領會你剛剛說的話，簡單地想像一下這個場景。

現在，棘手的問題出現了。如果你說：「不要想像今天是陽光明媚的一天。」客戶肯定會在腦中構建一個陽光明媚的畫面，來搞清楚你不希望讓他們想的是什麼。這告訴我們：如果你說了別這樣想，客戶肯定就會這樣想。

告訴客戶你想讓他們做什麼，而非不想讓他們做什麼。要避免使用某些動詞，才能防止讓客戶思考你不希望他們想的事。在特定關鍵時刻，不要使用以下這類詞：猶豫、想想、害怕、等等、擔心。

當你在收尾階段向潛在客戶提出某項請求時，這些詞可能會讓他們反其道而行之。

四、關鍵詞類型

人們說話時的用詞，可以反映他們怎麼在心裡做出購買決定。進行銷售陳述時，你的用詞要和客戶的用詞習慣保持一致，這樣看起來就能和他們更像，進而深化你們之間的融洽關係，減少對方抵抗銷售的情緒。這並不表示只要你的措辭與客戶的思維方式一致，對方就會購買你的產品。更重要的是，如果你與客戶的用詞習慣大不相同，就會反映出你們的思維方式也大相逕庭。這種差別可能會讓客戶覺得不自在，進而破壞彼此的關係。

在用字遣詞中，有一個雖然很小但還是需要注意的細節。下面這些例子中，客戶說的都是同一件事，但他們強調的重點完全不同。你的措辭要與客戶的思維方式保持一致，才能激勵他們採取積極的行動（即決定購買）。同樣的道理，如果你的措辭與客戶的思維方式不協調，可能會導致他們聽完你的銷售陳述後仍不為所動。

A、關於希望／避免

有些客戶對你講的，都是他們希望看到的好結果。

- 他們希望你準時運送貨物。
- 他們希望產品性能可靠。
- 他們希望透過使用你的產品，讓自己的生活更美好。

還有些客戶對你講的，都是他們希望避免的壞結果。

- 他們不希望產品運送有所延誤。

- 他們不希望產品很難用。
- 他們不希望用了你的產品後，自己的生活變差。

注意！客戶並不是非黑即白，不要僵化地進行客戶分類——潛在客戶A屬於「希望」那類；潛在客戶B屬於「避免」那類。如果把愛說「希望」和「避免」的人分別放在尺規兩端，人們所在的位置通常都在這兩端之間。有些客戶並不偏好某個特定類型的措辭，而是這兩種措辭都用；有些客戶始終都只用某個類型的措辭。你需要瞭解的是上述這兩種客戶。他們越常用某種類型的措辭，你就越不該使用另一種。

B、關於可以／必須

有些客戶愛說他們可以做什麼，並經常使用這些帶有可能意味的詞，比如：可以、能和希望等等。

「我可以**問問**主管，看他是否批准。」

「我們也許**能**用公司的信用卡來買。」

「我們**希望**能把購買這批產品的支出控制在預算之內。」

有些客戶愛說他們必須做什麼，並經常用這些帶有必要意味的詞，比如：必須、需要、只能、應該、會等等。

「我**必須**得再等等，等我拿到退稅的支票再買。」

「我**需要**先和另一半商量。」

「我**只能再**等等，等孩子們畢業之後再買。」

「我**應該**過一段時間才買，等到……」

「我們**會**買的，但冬天不行。」

如果你對這些經常把充滿可能意味的詞掛嘴邊的客戶說：「您只能／應該／必須採取行動了。」會造成他們充滿抵抗的情緒。他們不是只能做什麼，而是可以選擇做自己想做的事。這裡的底線是什麼？客戶越常使用帶可能意味的詞，銷售陳述中就越需要說明他們可以做什麼以及想做什麼。

如果你對這些經常把充滿必要意味的詞掛嘴邊的客戶說：「您可以／可能想……」他們很可能什麼都不會聽你的。因為他們做事的動機，是他們必須這麼做或只能這麼做。除非他們覺得不得不做某件事，否則他們通常什麼都不會做。

用帶有必要意味的字詞來激發客戶的購買欲，會破壞很多業務努力維持的積極氣氛。然而，身為專業的業務，我們為客戶提供的服務，就包括以他們能理解的方式推銷自己的產品。我們自己可能不會透過這種方式買東西，但銷售陳述和我們的決策過程無關。為了促使客戶說「好」，要在你的銷售陳述中納入一切必要的內容。

C、**感覺、聽覺、視覺**

在整個銷售陳述過程中，客戶會產生不同的感覺、在內心進行對話、腦中會構建你描述的畫面。儘管感覺、聽覺和視覺會同時出現，但多數客戶往往更注意其中一種。該怎麼知道他們注意的是哪一種？其中一個跡象就是他們最常用哪一類詞彙。例如：

- **感覺類詞彙**：有些客戶經常使用表達感覺的詞彙。比如：

「我**覺得**這個想法不好。」

「我現在正努力**瞭解**財務狀況呢。」

「我們還沒**掌握**這個概念。」

「我們覺得這個想法**太棒了！**」

「我很**難**理解。」

- **聽覺類詞彙**：有些客戶經常使用表達自身感官感受的詞，來描述你的產品和服務。聽覺類詞彙包括對聲音的各種描述性詞彙。

「這主意**聽起來**不錯。」

「你說的我**聽見**了。」

「我們把想法**協調**統整一下吧。」

「關於這個問題，我們單位內部有**不一樣的聲音**。」

「這個名字**聽著**耳熟。」

- **視覺類詞彙**：有些客戶經常使用描述自己腦中畫面的詞彙，來形容你的產品和服務。

「你**明白**我的意思嗎？」

「我**瞭解**大概的情況。」

「我們的未來很**光明**……」

「把注意力**集中**在這個概念上……」

「她個性活潑，生活**多姿多采**……」

人們經常把感覺類、聽覺類和視覺類詞彙混在一起用嗎？是的。有些詞是人們的習慣用詞。如何遣詞用字是一門精密的科學嗎？不是。我們沒有必要為了瞭解客戶的習慣性措辭屬於哪種類型，而一絲不苟地分析他們。你需要做的，只是注意客戶的常見行為，據此適度調整你的行為，然後採取進一步的行動。

注意！永遠謹防分類客戶，他們不是非此即彼的。沒有只用感覺類詞彙的消費者，也沒有只說聽覺類詞彙的顧客。

瞭解他們經常使用哪一類詞彙，是為了讓你可以在銷售陳述的過程中，與他們使用同類詞彙。想像一下，如果業務問：「您明白我的意思嗎？您清楚產品的優點嗎？」潛在客戶回答：「我們覺得這不符合我們的利益，不想現在就買。」語言上的不協調，可能會讓客戶覺得和你頻率不對。他們未必會意識到自己有這種想法，而是在潛意識裡這麼思考，進而抵抗銷售。

客戶的行為也能表現出他們最注重哪種思維方式。

注重個人感覺的客戶往往有這些表現：

- 說話比較慢。
- 思考時會朝下看。
- 做決定時比較慢，因為他要花一點時間才能搞清楚自己的感受。

如果你的語速比客戶快，由此產生的不適感，會破壞你們之間的融洽關係。對這類客戶，要放慢語速，嘗試使用一些感覺類詞彙。而且如果他在思考你說的話時朝下看，就暫時不要和他保持目光接觸，讓他花點時間自己想一想。

如果客戶更注重他自己內心的對話，往往會有這些表現：

- 說話不快不慢，聲音渾厚。

- 思考或說話時會左右環視。
- 比更注重個人感覺的客戶更快做出決定，但思考時心裡仍然會自問自答（一字一句都要斟酌）。
- 會留意你的咬字是否清晰、聲音是否微弱或沙啞。因此，要注意你的發音咬字，並使用聽覺類詞彙。

最注重腦中畫面的客戶，則往往有這些表現：

- 語速最快（為什麼？因為每個畫面都包含資訊，還記得那句老話：「一張照片勝過千言萬語」嗎？）。
- 想像一個畫面時會向上看。
- 做決定的速度最快。

如果你的語速比客戶慢，這種差別可能會破壞你們之間的融洽關係。對這類客戶說話要快一些、使用視覺類詞彙、直接切入重點。簡明扼要地說出必須說的話，然後請客戶採取行動（購買）。如果一位客戶最注重他在腦中構建出的畫面，那麼在向他進行銷售陳述時，時間並非越長越好。

客戶常用的詞彙類型是個明顯的標誌，可以讓你進一步瞭解客戶。他們越是常用某一類詞彙，在銷售陳述中使用相同詞彙類型的重要性就更高。如果你向有購買意願的客戶推薦有吸引力的解決方案，但你描述產品和服務時使用的詞彙類型卻分散了他們的注意力，那就太可惜了。所以要搞清楚你的客戶常說哪種類型的詞彙，然後按照他們的思維方式來說話。

視覺上的銷售陳述

在適當的情況下，要透過外在行為表現出你想說的話。

- 如果嘴上說自己的產品超級棒，讓你為之興奮，就該透過臉部表情展現出興奮感。
- 如果你在談非常重要的內容，或是提到產品宣傳手冊中的某部分內容，就應該透過手勢，把客戶的注意力轉移到你說的話上面。

基本上，在進行銷售陳述時，始終要注意你的外在行為。

- 你的臉部表情友善嗎？
- 你在微笑嗎？
- 你是否與客戶保持著恰當的目光接觸？
- 你的眼神流露出的是自信還是不安？

・你是否透過手勢表現出熱情？
・你的身體姿勢是放鬆還是緊繃的？
・你說話時是否會習慣性地搖頭表示否定？

如果客戶問了一個很難回答的問題或對你說「不」，你如何透過非語言行為回應？

・你臉上的微笑是不是就消失了？
・你是不是會把目光移到一邊，不讓客戶察覺到你在調整和穩定情緒？
・你會不會在失望時垮下肩膀，或在與客戶舌戰時身體僵硬起來？
・潛在客戶決定談談成交前必須解決的問題時，你會不會表露出感謝之情？
・在整個銷售陳述過程中，你的身體姿勢是不是始終沒變，並且表示出自己隨時可以聽客戶說說他們的顧慮？

沒什麼事能瞞得過客戶。在你的銷售陳述過程中，要確保你的非語言行為表達出的意思，與你嘴上說的話是一致的。

視覺上的輔助工具

使用一些能清楚表明觀點的視覺輔助工具，可以加深對方對銷售陳述的印象。比如：圖片、樣品、展示產品、影片。

即使你不喜歡公司提供的視覺輔助工具，希望你還是能以某種方式使用看看，或是在銷售陳述中稍微提及。從公司的宣傳材料中找一些圖片，前提是這些圖片能在你與客戶聊產品時強化情緒。在銷售陳述的過程中，向客戶講解產品特性與優點時，要為相關圖片配上手勢，有助於加強你想讓客戶產生的情緒。

小心使用幽默

在銷售陳述過程中，永遠要小心使用幽默。無論在進行前、過程中還是結束後，幽默不是讓客戶暖心，就是讓他們寒心。幽默可能會鞏固你與客戶之間的融洽關係，也可能將其徹底摧毀。如果你能輕易和他人打鬧玩笑，幽默可能會是個優點；如果你和客戶開玩笑，是因為幽默是公司標準銷售陳述中的固定內容，你平時就要練習如何開這些玩笑，直到你能自然而然地使用幽默。

最重要的是，避免諷刺性、貶低性、政治類和宗教類的幽默內容。不要跟客戶開那種和好朋友一起時會說的玩笑話。如果客戶鼓勵你表現出真實的自己，要確保你在整個會面過程中始終保持專業。

自嘲式幽默通常是安全的選擇，人們往往喜歡不太把自己當回事的人。

注意！不要拿自己的專業能力開玩笑。客戶可能會把這種幽默視為你缺乏自信。

「啊，我又忘帶名片了。也太笨了吧！」

「噢！我數學太差了。如果沒有計算機，我該怎麼辦啊？」

開些與業務無關的玩笑會比較討人喜歡，這會顯示出你很有自信。前提是，只能偶爾這麼做。在可能涉及別人的領域時自嘲，是需要自信的，而你要有這種自信。

關於幽默的最後一點：如果你的客戶講了一個充滿黑色幽默的笑話，不代表你也可以講這種笑話。這可能不太公平。但客戶確實會覺得自己才剛剛講過這類笑話時，業務並不適合再開同一類的玩笑。

現在，來看看幽默有哪些積極作用。除了能讓你更討人喜歡、更鞏固你與客戶之間的融洽關係，還可以讓客戶放鬆。有時候，客戶聚精會神聽你說話、考慮是否購買你的產品時，會不知不覺地讓身體處於緊繃狀態。幽默能讓他們放鬆下來，在銷售陳述過程中保持更長時間的注意力。幽默最大的用處，就是讓你的銷售陳述效果更好。舉個例子，如果你在銷售陳述中，提到人們在尋找解決方案時普遍有拖延症，那就可以跟客戶講一個搞笑的故事，說說某人一拖再拖後發生了什麼事。

有些業務的銷售陳述只有三分鐘，甚至更短；有些業務的銷售陳述長達十五分鐘，甚至更長。銷售陳述的時間越長，中途就越應該頻繁地使用一下幽默。永遠都要確保你講的每一個笑話都很好笑，而且屢試不爽，不會冒犯到別人。

去哪裡找梗？書店有很多關於笑話的書。還有一個途徑是，平時聽到別人開玩笑或講笑話時，有意識地思考這能不能用在自己的銷售陳述中。雜誌、脫口秀、商業機構和非商業機構的人都會用到幽默，不要只是聽聽就算了，要收集一些你和客戶見面時能用到的梗，並確保它們適合你的個性和產品類型。

直呼客戶的名字

在銷售陳述過程中，稱呼對方名字時有兩個極端情況：一個是永遠不說；另一個則是說得太頻繁。

有些業務不用名字稱呼客戶，可能是因為對方的名字很難讀。一般來說，要盡可能瞭解每位客戶的名字怎麼讀，再自己判斷是否要在銷售陳述過程中叫對方的名字。如果名字比較獨特，你可以想像他們可能經常需要告訴別人該怎麼讀自己的名字。表現出你很有興趣念對客戶的名字，可以顯示出你想為對方好好服務。

不叫客戶名字的根本原因，多半是忘了他們叫什麼！你越忙，每天見的客戶越多，就越容易忘記他們的名字。在與客戶見面的過程中，忘記客戶的名字會削弱你的信心，而且會表現出來。你可以隨身攜帶一份當天的客戶名單當備份，以免忘記他們的名字。

為了記住客戶的名字，你可以嘗試在第一次聽到時至少默念四遍。另外，還可以在銷售過程中，於合適的情境下盡早叫出客戶的名字。一旦你知道自己會叫出他們的名字，有時候也有助於你記憶。在銷售陳述過程中說幾次客戶的名字，很可能之後就不會再忘了。

另一個極端是，在銷售陳述過程中不斷地叫客戶的名字：「哈洛，你剛才說得沒錯……」「哈洛，你覺得……」「哈洛，你也知道……」「哈洛，你多久……」

注意！如果你叫太多次客戶的名字，他們可能會覺得這是一種推銷手段，或是一個惹人討厭的習慣。不管是哪一種看法，都會破壞你之前與客戶建立起來的融洽關係，而且導致客戶的注意力偏離你的銷售陳述內容。

說服的核心是什麼

下面三項重要的內容，在說服客戶的過程中處於絕對核心地位。

一、推銷產品的優點

推銷每個產品特性的優點，是最基本的銷售原則。然而，業務在準備銷售陳述的內容時，卻經常只做了一半。他們告訴客戶產品具備哪些特性，卻沒有提及每個特性帶來的好處。為什麼在銷售中被強調次數最多的部分，在實踐中卻最常被忽略？為什麼業務只想著介紹產品特性，卻忽視了要向客戶解釋每一個特性的優點？可能出於以下幾個原因：

- 產品特性通常都很真實、很確切。與不那麼容易注意到的產品優點相比，產品特性更容易被客戶看到並談論。公司宣傳手冊和展示產品時，介紹的都是產品本身及產品功能。
- 產品特性既令人興奮又有趣！即便你還來不及對客戶介紹產品的優點、還來不及勸他購買，有些產品特性本身就已經很有吸引力了。
- 產品特性可能導致主觀臆斷。業務很容易想當然地認為，客戶會把所有細節連起來，因此意識到產品特性的「明顯」優點，如：安全開關（意味著會保護工人的安全）、二十四小時服務熱線（意味著更好的客戶服務）、鈦制外殼（意味著重量更輕，但強度不受影響）。

這太明顯了，但只是對你來說是如此，不要認為客戶也覺得很明顯。對比一下這種主觀臆斷，在以下這些例子中是如何逐漸變化的。

例一：「這是產品的特性。」

例二：「已為您介紹完產品特性，現在說明它們的作用（清楚說出產品優點）……」

例三：「我剛剛為您介紹了產品的特性和優點。您覺得這項產品特性會在哪些方面幫助您的企業獲益呢？」

例一，沒有提到產品特性的優點，因為業務覺得客戶會明白優點有哪些。

例二，業務陳述了產品特性的優點。

例三，業務說完產品特性和優點之後，問了一個開放式問題，透過這種方式讓對話繼續進行。這個問題讓客戶從被動的傾聽者，變成對話的參與者，而且透過讓對方說明這些優點如何滿足他們的需求，更增強了這些優點的說服力。

注意！你可能本來就知道產品的這些優點會如何滿足客戶的需求，但如果讓他們自己敘述產品的這些優點如何滿足他們的需求，就等於確認你的產品會解決他們面臨的難題。

之所以舉這三個例子，就是為了顯示第一個例子，為什麼不足以保證客戶真正理解你在銷售陳述中表達的要點。

「**特性**」描述產品／服務是什麼、其作用為何。如：「本產品是〇〇產品的保護殼。」

「**優點**」指的是產品特性能為客戶做什麼。如：「如果〇〇產品從高處掉下來，這個保護殼可以發揮保護作用。」

業務在銷售陳述過程中普遍會犯的錯誤之一是：熱情洋溢地向客戶介紹產品特性，卻忘了告訴客戶可以如何透過這個產品特性獲益。業務至少會介紹四個令人心動的產品特性，如：「渦輪增壓、閃電般的速度、鈦制外殼、芭樂優化後的分子膜」。

這裡所說的「芭樂優化後的分子膜」顯然是個玩笑。意思是，很多業務說的話裡都是產品特性和專業術語，而且也不說清楚「閃電般的速度」如何替客戶節省時間；或者「鈦制外殼」如何在產品從高處掉落時起到保護作用，使其免於損壞；又或者「分子膜」如何避免產品因潮濕而生鏽，讓客戶在室內室外都能使用該產品。

在銷售陳述過程中談到產品特性與優點時，要注意以下幾點：

A、首先針對客戶的需求進行溝通。其中包括客戶已經表達的需求，也包括沒有說出來的部分。如果客戶覺得自己沒有需求，你就很難替他提出問題解決方案。在一般情況下，你必須點出客戶沒有說出口的難題。

B、詳述你的產品／服務特性：告訴客戶你的產品／服務及用途是什麼。如果你要說專業術語，就要確保有解釋清楚。更好的做法是，一個專業術語都不要說，這樣你就不用總想著要解釋它們了。

C、清楚解釋產品特性：解釋這些特性可以怎麼解決客戶的難題，或使客戶從中受益。

現在花點時間想出你的產品／服務最有說服力的三個特性，然後寫下這些產品特性能為客戶解決什麼難題。接下來，用一、兩句話說清楚你的產品／服務，以及有什麼用處。最後，解釋一下這些產品／服務的特性如何替客戶解決這些難題，以及如何讓客戶受益。

• 需求：＿＿＿＿＿＿＿＿

• 特性：＿＿＿＿＿＿＿＿

• 優點：＿＿＿＿＿＿＿＿

如果你覺得很難在解釋完產品特性後，再去解釋優點，那就先從優點說起，然後再向客戶介紹產品特性。

「這會節省您的時間（優點），因為產品的〇〇功能（特性）會……」

「您的生活壓力會減少（優點），因為產品的〇〇功能（特性）可以……」

如果你介紹完產品的特性和好處，客戶接著說：「上周我們遇到一個問題，你的產品恰好能解決這個問題（優點）。」這簡直太棒了。

客戶通常會猶豫要不要表露明顯的購買訊號，但你能設計一些問題，並在進行銷售陳述前向客戶提出來。一開始你可以先說產品／服務最有說服力的優點，然後圍著這些優點設計一些問題。下面列舉有關產品優點的問題，能鼓勵客戶說出你的產品優點能解決他們面臨的哪些難題。

• 關於產品交付保障：「如果產品交付不及，會對您的業務造成什麼影響？」

• 關於線上服務紀錄：「和董事會開會時，如果能立即查到服務紀錄，這對您來說是否有價值？」

- 關於二十四小時人工服務熱線：「如果客戶打電話來是希望你們提供服務，卻聽到語音留言說你們已經下班了，必須等到下個工作日才能受理，這對你們的業務會產生什麼影響？」
- 關於靈活融資：「如果你為了在業務旺季讓利潤最大化而需要採購一批產品，那現金流會對你的採購能力有什麼影響？」

除了在銷售陳述開始前問一些探索性問題，如果你還會再問一些細節性問題，客戶就更有可能打開話匣子，把他們面臨的具體挑戰告訴你。這些資訊有助於你讓銷售陳述的內容變得更具針對性，最終說服客戶購買。

很自然地，你會非常興奮地向客戶介紹，公司為了解決客戶難題所提供的解決方案。因此，不馬上開始向客戶推銷，反而對你來說成了一個難題。「啊！原來我們的產品會為您解決掉這麼大的麻煩，省得您頭疼好幾個禮拜了！首先，我們的產品會……」

等一下。在銷售陳述過程中，要記住你隨時都有三個基本選擇：進行陳述、提問題、保持沉默。

客戶認可你的產品優點，相當於送給你一份大禮，有助於你拿到訂單。這時候，如果客戶仍然願意聊他們面臨的難題，那你就可以再追問一、兩個問題。你越瞭解客戶面臨的難題，就越有助於你提高銷售陳述的說服力，進而更容易拿到訂單。

二、推銷價值

如果你推銷的是以價值取勝的產品或服務，而對手的主要賣點是價格，就要繼續和客戶聊產品的特性和優點。第八章提過這個問題，並舉了一個探索性問題的例子：「價格是您需要考慮的唯一因素嗎，還是品質也同樣重要？」

大多數情況下，推銷價值是在銷售陳述過程中完成的。一開始，你可能會採取類似這樣的說法：「我們的產品價值比競爭對手高，因為我們的產品有A和B。」然後收尾時，一般業務會說：「我們的價格是……。您想買嗎？」

客戶很少會把A、B和你在收尾階段提出的較高價格聯繫在一起，因此通常會問：「為什麼價格這麼高？」

然後，推銷價值的第二步就開始了：「您還記不記得我剛剛說，與價格較低的產品相比，我們的產品價值更高。實際上對您來說，我們的產品在未來二十年內反而更划算。」

這時，客戶通常會和業務針對A和B進行爭論：「沒錯，但是……我還是覺得貴。」接下來，話題就轉到這兩個產品特性所具備的優點上。業務開始重複剛剛的話：「如果您把未來二十年也考慮進來，這就不算貴了。這能幫您省下一大筆錢。」然後客戶說：「未來二十年我說不準，但我確定的是，下次開董事會的時候，預算很容易就超支，這太貴了。」然後業務不斷繼續說下去。

為了解決這個問題，你和客戶見面後，要更早針對價格和價值這個大問題達成意見一致。瞭解客戶需求時，要針對價格提出探索性問題：「價格是您需要考慮的唯一因素嗎？還是品質也同樣重要？」知道這個問題的答案後，你就能在詳述A和B之前，與客戶就產品品質重要性的看法獲得一致。

如果你推銷的是以價值取勝的產品，會想等客戶針對價格提出問題，還是想根據你的意願主動討論這個話題？

- 第一種選擇屬於等待觀望型銷售。你在銷售陳述之前一直在等待，然後希望自己所說所做能說服客戶，讓客戶覺得你的產品值得更高的定價。
- 第二種選擇屬於結構化銷售（structured selling）。你利用了「說服客戶的循環」，對銷售過程進行結構化、有條理的安排，然後選擇恰當的時機和方法，以最有說服力的方式解決「價格還是價值」這個問題。

你要透過那個關於「價格」的探索性問題，與客戶就「價值還是價格」達成一致，然後再進行銷售陳述。如果你在銷售陳述之前，就引導客戶在內心問自己一些你希望提出的問題，隨後就更有可能在銷售陳述中（或結束後），聽到客戶做出理想的回答。

三、推心置腹地遊說

有時候，你把能說的都說了，但客戶還是猶豫不決。這時候，誠摯地說幾句心裡話，能讓客戶相信你就是為了滿足他們的需求。這樣你就暫時跳出了業務的角色，以一個普通人的角度和他們進行交流。

在推心置腹的交談中，要讓你說的話可信。這取決於你的表達方式與所說的內容。

不過別太常進行這種溝通方法，因為這種交談的感情密度比較高——一小點就能撐很久。你不需要確認客戶是不是聽進你的話。如果你透過他的非語言行為意識到他在聽你說話，那就意味著他聽進去了。推心置腹地說完後，要繼續進行下一步，把話題轉移到銷售陳述的下一個主題上。

注意！如果你僅僅視銷售為謀生的工作，最好還是不要和客戶交心。與其為了拿到訂單去說一些自己都不相信的話，還不如保持真實的自我。記住，沒什麼祕密能瞞得過客戶。如果業務說了連自己都不信的話，客戶看得出來。

下面是一些例子，供你參考。

和客戶討論價值和高價格的問題：「吉姆，我知道我們的價格不是最低的。重要的是，你要知道我們為什麼從來不把價格降到那個最低水準。如果產品的價格要壓到最低，就可能得降低服務品質。我們公司不會這麼做。我們不遺餘力地專注於一次就把工作做好。」

如果你說這些話的時候聲音平淡乏味，不會有什麼效果，只是讓這些變成尋常的幾句話而已。但是，如果你看著客戶的眼睛，身體稍微前傾，發自內心地說出來，這就變成了一次推心置腹的交談。

這樣的交談也會解決實際問題：「蘇，我不想為我們提供的服務做辯解。妳當時想要的不是這種服務。我現在的任務就是提供最適合妳的服務。我們非常尊重妳的企業，所以要提供配得上妳的服務……」

你沒有辯解，也不會難為情。好公司並不意味著完美。好公司會為客戶提供高價值的產品和服務，而且如果產品和服務不符合客戶的期待，好公司會迅速進行調整。優秀的業務會儘快解決難題，而且利用這些不利事件，來展現他們為客戶提供的服務是多麼地出類拔萃。

交心的談話，也可以用在收尾階段：「約翰，我知道你還有其他選擇。你也聽到了，我一直在解釋，為什麼我相信我們是你的最佳選擇，可以為你提供出色的服務（總結服務的優點）。」「最後一個原因是，如果你和我們公司合作，剩下的事就包在我身上。讓你得到絕佳的服務，對我來說非常重要。我們公司會保護你的利益，保證你享受到最好的服務。」

當然，最理想的情況是，你確實非常在意服務品質，而且也確實致力於為客戶提供出色的服務。

此外，你還要定期檢查你的銷售陳述內容：是不是每個部分都在一定程度上能引導客戶立即採取行動（決定購買）？你的銷售陳述中可能有很多趣味的事和好玩的故事。記住，銷售陳述的內容不是讓你離訂單更近一步，就是降低拿到訂單的可能性。

重點整理

- 每次與客戶接觸，都是進行銷售陳述的機會。
- 進行銷售陳述時，非語言行為比語言更有說服力。
- 在銷售陳述過程中，只要時機合適就提問，不要說明，因為參與對話的客戶才有可能購買。
- 瞭解客戶常用的措辭類型，然後在銷售陳述過程中使用相同類型的字句：希望／避免；可以／必須；感覺、聽覺和視覺類詞彙。
- 在視覺方面，可以透過手勢、臉部表情和視覺輔助工具，來表達你所說的話。
- 每次提到產品特性，都要提到該特性帶來的優點。

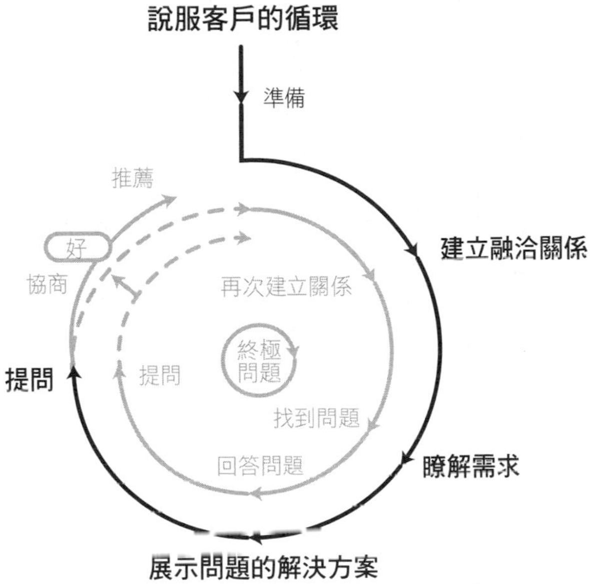

10 收尾時向客戶提問

到目前為止，你在銷售過程中做的所有事情，都是為了請客戶購買產品所做的準備。在收尾時向客戶提問，就有可能讓你拿到訂單。這表示你要直接、明確地請客戶做出你想讓他們做的事。也就是說，如果你想拿到訂單，就得問客戶想不想把訂單給你。

因此，到目前為止，你已經按照「說服客戶的循環」採取了以下行動：

- 與客戶建立了融洽的關係，因為客戶更喜歡跟討人喜歡的業務買東西。
- 為了瞭解客戶的具體需求，你已經提出探索性的問題。

• 你已經提出滿足客戶具體需求的解決方案。

現在，你要請客戶採取實實在在的行動，並且引導對方完成決策過程。最重要的是，你要平穩地過渡到收尾階段並向客戶提問，不讓客戶產生任何不適或恐懼（也就是抵抗銷售的情緒）。這個過渡的過程可能會讓人非常害怕，尤其對沒有經驗的業務來說更是如此。然而，只要熟練地掌握了這一步，你就相當於畢業了——從推銷員變成了專業業務，而且你的收入也會相應提高。

收尾時有哪些重要事項

正如前面提到的，銷售培訓把大量時間和精力都放在銷售陳述上面。這種做法的出發點，是銷售陳述會為你贏得訂單。如果改把大量時間和精力用於收尾的提問方式上（請客戶做出購買決定的問題），銷售成功率才會真正提高。儘管提出收尾問題是銷售過程的一個巔峰，這一步仍是業務最害怕的環節。

為什麼這麼多業務不敢請潛在客戶採取行動？可能的原因有：

一、**害怕被拒絕**：如果你還不明白這一點，現在可要搞清楚：你拿不到每一張訂單！如果你盡了最大的努力，目標客戶卻沒有買你的產品，多數情況下並不是你個人的問題。不要覺得拿不到訂單就是拒絕你這個人。

二、**害怕讓潛在客戶掏錢**：當我們還小時，很多人接受的教育是：「向別人討東西是不禮貌的——尤其是錢。」在銷售中，要記住你提供了一些東西，以換取客戶購買產品的意願。你不是在向他們索取，銷售過程是一個交換的過程。

三、**害怕時機不對會讓自己顯得很蠢**：有些業務不確定什麼時候該請客戶下單。在他們眼中，收尾是個孤立的環節，因此抓不準何時該收尾。專業的業務會一直進行銷售陳述，直到他們覺得客戶瞭解的資訊已經足以做出購買決定了。然後試著提出一些試探性的收尾問題，以確定客戶是否已經準備好做出購買的決定——這些都是在最終收尾前做的。

四、**害怕沉默**：有些業務面對沉默會覺得心慌，於是一直說個不停，說到客戶購買為止。業務需要學習的重要教訓之一是：一旦提出收尾問題，就應該閉口不言。客戶需要一點沉默的時間想想才能下決定。如果你還是說個不停，客戶就很難思考。所以，請保持安靜。

五、**害怕自己弄錯了**：有些業務害怕到最後，才發現自己做的銷售陳述是在浪費時間和精力。他們怕自己判斷錯了，誤認這些客戶就是目標客戶、誤認自己的產品能好好解決客戶的難題。有些銷售情境下，你可能也會在整個銷售過程結束之後，才發現對方並非決策者。即便是頂級業務，也遇過無法應對的特殊情況。

業務竟然害怕這麼多事，很諷刺吧？在銷售過程的收尾環節，距離拿到訂單已經不遠了，所以應該覺得興奮，而非害怕。現在應該把注意力集中在眼前的每一個細節上，並向客戶提出收尾問題。

如果你只能從本書中學到一件事的話，那就是：**銷售的重頭戲，在收尾階段才開始**，因為這正是大多數客戶做決定的時候。沒錯，有些潛在客戶在你收尾前就已經決定要買了。那很好，但這種情況很少出現。

更常見的情況是：當你準備收尾，潛在客戶會提出問題、顧慮或開始討價還價。透過回應這些問題和顧慮來引導客戶，可以顯示出你身為專業業務的能力和技巧。這時候，什麼事都可能發生，而頂級業務隨時準備應對所有會發生的事。

順道一提，觀望型銷售的觀念是：客戶在你進行銷售陳述期間，就會做出購買決定。但他們通常在銷售陳述結束後，才會決定是否購買你的產品或服務。所以說，收尾才是重頭戲。業務在這個階段採取什麼行動，便決定他是頂級業務，還是一般業務。

注意！很多業務所在的產業需要得到客戶的多次認可，因此需要常常拜訪。在這種情況下，你不可能第一次和客戶見面就拿到訂單。此時，我們所說的「收尾」指的是往前推進一步，讓你離最終拿到訂單更近一步。每次和客戶見面都要有一個目標，即使目標是讓客戶同意再見你一次，也沒關係。

如果請客戶做出購買決定的時機到了，業務就該總結一下你之前得到客戶認可的觀點。不僅要提到你提供的各項選擇優點，也要提到缺點。總結產品優點有助於客戶理清思路。你不能奢望客戶記住所有資訊，然後再決定買不買。這是你該做的事！

直接收尾 vs. 試探性收尾

可說是最有效的兩個收尾問題是：直接收尾型問題和試探性收尾問題。直接收尾型問題會直截了當地請客戶採取行動：

「莎莉，你們的統編是多少？」

「葛蘭，你想以什麼方式付款？」

試探性收尾問題會探詢一下客戶是否已經準備採取行動了。這種問題可以測出客戶購買的興趣有多大：

「如果您批准這張施工訂單，您的租戶希望我們在何時開始施工？」

「如果您要把櫃台翻新，想用木材還是石材？」

「如果我們成了您的服務供應商，想不想享受一下我們的年度結算折扣優惠？」

客戶會毫無顧忌地回答你的試探性收尾問題，因為他們的回答並不意味著承諾購買你的產品。從這個意義上來說，試探性收尾問題是理論問題，不代表行動，提問只是為了瞭解資訊。很多時候，客戶在發表觀點時會透露出某些想法，而他們非常喜歡這樣做。

試探性收尾問題具有以下優點：

一、**客戶會保持放鬆狀態**：客戶不會有壓力、不必做出最終決定。如果他的回答是肯定的，那麼在他購買你的產品或服務後，也會傳達出同樣的資訊；如果他的回答是否定的，或對你的問題提出一點顧慮，你也不會損失什麼。而且這還為你指明方向，讓你意識到在提出最終收尾問題前還需要說些什麼。

二、**你可以問好幾個問題**：在請客戶採取行動前，你可以問好幾個試探性收尾問題，把客戶決策的方方面面都瞭解清楚。試探性收尾問題可以讓你瞭解到一些重要資訊，意識到客戶處於決策過程的哪個階段。

三、**在銷售過程的任何階段都可以提問**：試探性收尾問題最大的優點之一，就是不必非得等到收尾時才能瞭解客戶是否願意買你的產品。事實上，在瞭解客戶的需求時，你就能問一些試探性收尾問題。

用語言組織你的試探性收尾問題

透過試探性收尾問題，可以判斷客戶對你們公司產品或服務的興趣。很多時候，這種問題的開頭會是這樣：

「如果您想進一步……」

「如果您想今天就進入下一個階段……」

「如果您想今天就邁出下一步……」

「如果」這個詞，讓問題變得更客觀，還讓客戶更放鬆。以這些話開頭，會讓客戶意識到：即使自己告訴你一些採購資訊，也不代表承諾要買你的產品。但是，如果每次你和客戶見面期間，都會問很多試探性收尾問題，他們可能就會覺得很煩。

注意！過多的重複會讓你的話像是銷售話術。你肯定不想讓客戶覺得你在對他們施壓，或誘使他們購買你的產品。你一定希望客戶把注意力集中在你的銷售陳述上。

問了幾個試探性收尾問題後，就不要再用以下括弧中的這些話開頭了：

「我們的產品有三種顏色。（如果您決定要買我們的產品）選哪個顏色對您來說會不會很重要？」

「我們可以在二十四小時內交貨。（如果您要訂購我們的產品）您希望幾天內可以收到貨？」

試探性收尾問題也有助於你判斷，客戶在兩天內決定購買的可能性有多高。如果客戶不打算採取任何行動，他們會直接告訴你，不會回答你的問題。

業務：「那麼，如果董事會同意採購，您希望我們多久交貨？」

客戶：「哇，我們還沒準備和董事會說這件事呢！」

在這個例子中，客戶沒有回答業務的問題，卻透露了一個重要資訊：離董事會做決定還差得遠呢。

如果客戶不回答你的問題，就向他們解釋一下你提問的原因：「我之所以這麼問，是因為夏天對我們來說是淡季，這幾個月的發貨時間安排比較有彈性。」啊，現在客戶就明白了，你是在想辦法維護他的利益，因此他會更願意回答你接下來提出的問題。

試探性收尾問題還包括其他例子：

「約翰，你知道我們為什麼這麼想瞭解客戶使用這個產品的效果嗎？」

「瑪麗，你覺得我們目前為止討論的這些問題怎麼樣？」

實際上，這些問題是在請客戶進行回饋，以確定下一步怎麼走。如果客戶的回饋是積極的，你可能就會問收尾問題了；如果客戶的回饋是消極的，你至少聽到客戶提出一個顧慮或問題，可以按照「說服客戶的循環」向客戶展示問題的解決方案。

如果你提出試探性收尾問題後得到了正面回應，就利用經過實踐證明的收尾策略——柯林・鮑爾式收尾（Colin Powell Close），提出最終的收尾問題。大致過程是這樣的：

美國前國務卿柯林・鮑爾說過：「猶豫不決為美國人民、美國企業和美國政府造成的損失，比錯誤的決策還要多數十億美元。」約翰，我們現在討論的是一個決定，對吧？如果你說「好」會如何，如果你說「不」會怎麼樣？

如果你說「不」，什麼事也不會發生，明天的狀況還是和今天一樣。明天一樣會面臨讓你我今天見面的那些難題。

但是，如果你說「好」，就能享受我們剛剛說的那些產品優點。

然後，在紙上列出客戶覺得有利於公司或家庭的產品優點後，再交給客戶看。把你的筆遞給客戶，然後坐著不要動，而且要安靜！等他們做決定，不管是買或不買。

訂單收尾

如果處理得好，這種收尾不僅難以覺察，還會顯得非常自然。不幸的是，有些業務收尾收得過於唐突，在結束銷售陳述後就抽出銷售表開始填。客戶可能會覺得你跳過了一些步驟，而且得出沒有任何依據的結論。接下來，我們更詳細地來分析一下這種情況。

首先要提醒：隨身攜帶空白訂單，永遠不失為一個好主意。即便你沒想要客戶當天就決定購買你的產品，也要在其他銷售材料或視覺輔助工具裡，放上一份空白訂單。

慢慢攤開你的視覺輔助材料，讓客戶看到空白訂單的一部分，讓它在不知不覺中催生客戶的好奇心，促使客戶看看上面的條款；使它成為房間裡的一頭大象（譯注：elephant in the room，英文諺語，指的是被忽視或迴避的一個明顯事實），在不知不覺間暗示客戶可能會需要用到它。或者，你也可以把它放在筆記本的幾頁紙下面，並在與客戶對話的過程中做筆記，甚至把客戶傳達的資訊寫在空白訂單上。

如果客戶問你在幹什麼，可以回答：「我發現如果自己在對話過程中仔細記錄，就能記住更多重要的細節資訊——尤其是那些能節省客戶金錢或時間的細節。我把這些重要的資訊寫下來，就不會忘了。」你知道自己做了什麼嗎？你剛剛說的話，等於成功地滿足了客戶的最大利益。這麼做為你帶來的好處將讓你大吃一驚。

如果客戶表示還沒準備好和你簽訂任何文件，那就說：「我理解。相信我，我最不願意做的事就是催您。」你可以笑著說出這句話。但如果對方是潛在客戶，說這句話的時候千萬別笑，而是真誠地說，對方就會放鬆下來。這是真的。在大多數銷售過程中，要到最後才能請客戶在資料上簽字，而不是這個時候。

接下來，不要把訂單檔案或網路訂購資訊稱為「合約」。前幾章提到，利用措辭在客戶心目中營造積極的形象是非常重要的。如果你聽到「合約」兩個字會想到什麼？這是法律資料，是種承諾。如果要廢除合約，很可能得上法院。以「協議」「檔案」或「表格」來取代「合約」，然後看看客戶有什麼反應。他們應該不會再像以前那樣，帶著防禦心態反駁你了。

還可以利用另外一個時機，自然而然地拿出訂單表格給客戶看——客戶問起公司的保證書時。拿出檔案，讓客戶明白你們可以提供書面保證書。也可以同時告訴客戶，訂單上哪些是支付條款、交付形式，或影響客戶決策過程的其他重要細節資訊。

讓客戶看過書面協定上的相關內容後，就把它放到一邊。

注意！訂單不要放得離客戶太近。還記得我們之前說過與客戶的身體距離原則嗎？訂單與客戶間的距離也要遵守這個原則。當你將書面合約拿給客戶時，動作不要太大，免得讓客戶覺得你在逼迫他們。寧願把訂單表放得離客戶遠一點，也不要放得太近。

如果客戶拿起訂單瀏覽，你會不會覺得這是一個購買信號？客戶拿起任何視覺輔助材料，都表示他們對你的產品有興趣！這並不意味著他們會買，但表示他們好奇你說的內容。至少他們有投入在你的銷售陳述過程。一個投入的客戶，更有可能決定購買你的產品。

所以，在整個銷售陳述過程中，都要把訂單放在桌子上。如果客戶針對付款、交貨、產品／服務風格和其他內容向你提問，就是在釋放購買信號；如果他們在你說話時點頭，就是認同你。

訂單收尾相當於一次連續攻擊：用試探性收尾問題讓客戶更快做出決策，然後在訂單上記錄他們對某些問題的回答。

「最佳交貨時間是什麼時候？」

「您覺得怎麼樣算是完成訂購？是拿到訂單還是簽了支票？」

「我們該把產品送到您的辦公室還是倉庫？」

「帳單地址是當地辦公室還是總部？」

客戶在回答這些問題時，你要將訂單當作視覺輔助材料來加以利用，告訴他們訂單上哪裡會寫上付款、交貨或產品的型號規格等資訊。

你可以馬上就寫下這些資訊，也可以不寫。你必須先確定客戶的購買信號有多強再動筆填寫，或在電腦上輸入相關資訊。利用訂單的意義在於，你會讓客戶不再那麼抵抗訂下承諾的書面協定。如果客戶確實決定要更進一步，那麼填寫書面協議會很容易，因為他已經非常熟悉協定的內容了。

如果客戶比較放鬆，態度也比較積極，只要你確認了帳單地址，就可以把它填在表格上。如果客戶不阻攔，就繼續將得到的相關資訊填上去。

注意！不要期望客戶按照訂單上的資訊順序向你透露相關資訊。要夠熟悉你的訂單，以確保自己能快速跳過部分內容，找到正確位置填寫新資訊。記住：銷售就是要讓客戶感覺自在，不要逼客戶滿足你的需求。

把填好的訂單放在客戶面前，然後快速看一遍。在快速瀏覽訂單內容的同時，用手指著相應的內容向客戶解釋：「我們會把貨送到這個地址，帳單則寄到這裡，付款方式是……」然後把筆放在訂單上，指著簽名欄說：「到時候，請您在這邊簽名。」

留意這句話的措辭。你並沒有要客戶立刻在這份訂單上簽名。利用這種收尾方式時要保持警惕，不要指使他們做些什麼，只要指出應該簽在哪裡就行。然後坐好，眼睛看著訂單。

你要夠放鬆，臉部表情也要很愉快。如果你覺得自己很有說服力，就慢慢地點點頭。把目光放在訂單上，實際上是在暗示客戶應該把注意力放在這裡。要一直看著訂單，直到客戶簽名或提出問題或顧慮。如果他們又開始問你問題，只要回答完，都要指著訂單上的相應內容。比如：

客戶：「我能以信用卡支付嗎？」
業務：「您比較希望利用這個方式嗎？如果是的話，我們就寫在這裡（指著訂單表上的一個位置）。」
客戶：「交貨日期能改到下周嗎？」
業務：「您下周最方便收貨嗎？如果是的話，我們就寫在這裡（指著訂單表上的交付日期）。」

這就是訂單收尾。有沒有看出上面所說的方法，與你之前剛拿出訂單就請客戶確認地址的那一套有何不同？在銷售陳述過程中，將訂單表當作視覺輔助材料來加以利用，可以讓客戶在最終收尾階段比較熟悉訂單，而且不覺得受到威脅。

其他收尾類型

請對方做決定的方法有百百種，本書篇幅有限，無法全數都說明，可參考我的其他著作，如《如何掌握銷售技巧》（*How to Master the Art of Selling*，暫譯）、《再難也能賣》（*Selling in Tough Times*，暫譯）。

一個多數人愛用又好用的收尾策略，是「交替前進式收尾」（alternate advance close）。這種方式會提供客戶兩個選擇，但都能讓你拿到訂單，而不會讓客戶的回答僅限於「好」或「不」。比如：

「您覺得哪個解決方案更好，產品A還是產品B？」

「您更希望周二收貨，還是周五收貨？」

「您要深藍色還是天藍色？」

面對那些不想讓別人告訴自己該做什麼，或不知道自己想做什麼的客戶，這種收尾策略特別有效。

另外一種可以利用的收尾策略，是「班傑明・富蘭克林式收尾」（Benjamin Franklin Close）。這種策略可以透過直觀的形式，吸引那些不口頭回應你的客戶，也對那些拖延做決定的客戶非常有用。在收尾階段，你的客戶可能會說：「我再考慮一天。」「我權衡一下再聯絡你。」睿智的班傑明・富蘭克林推薦我們，此時可以列出決策相關的利與弊。大家已經實踐了這個方法數百年之久，因為它的確非常實用有效。

所以，如果客戶說過一段時間再做決定，你可以說：「約翰，歷史證明，最偉大的決策者認為，一個好決策就像事實一樣確鑿無疑。我最不願意做的事，就是讓你做出不明智的決定。但是，如果這是一個好決定，你一定想做，對不對？」

大家都想做出好決策。

「好的。我來幫幫你。我們在這張紙的中間畫條線。這邊列出支持你今天做出明智決定的理由，另一邊列出反對這個決定的理由。列完之後，我們數一數分別各有多少理由，這樣你就能做出正確的決定了。我們現在先看看……」

你要隨即列出支援客戶購買產品的所有理由，至少列出六個。然後再熱情地說：「現在我們來想想哪些理由，反對你做這個決定。」

接著，你就安靜地坐著，讓潛在客戶自己一個人思考，等他列完反對的理由之後，你就說：「來，我們一起看看。」

分別算出兩邊各有多少個理由，不必考慮哪些理由的分量更重。然後說出：「答案非常明顯，對吧？」再轉頭去完成你的紙本資料。

提醒一下：提出收尾問題時，利用字詞讓客戶腦中形成你希望發生的情境，而非你不願看到的結果。如果你說出口，客戶就會為了理解你說的話，很快地想像一下這個畫面。

猶豫、推遲、成本這樣的詞，會描繪出你不想讓客戶做的事；今天就行動、邁出下一步、參與、填寫檔案這樣的詞，會描繪出你想讓客戶做的事。注意以下例子的不同之處：

否定：「您做決定時在猶豫什麼呢？」

肯定：「您覺得還需要完成什麼，才能邁出下一步？」

否定：「您是不是覺得太貴了？」

肯定：「您覺得產品的這些優點，對貴公司有多大價值？」

提前寫下收尾詞

收尾階段在銷售拜訪中是充滿變化的。很多業務會在與客戶見面時邊想邊說，臨時組織語言來收尾。有些業務很擅長即興對話，但事實上，這不是多數人的專長。多數業務可以完成收尾，但他們在請客戶購買自己的產品時，會有很多停頓、會說很多次的「呃」，從而減弱了收尾詞的說服力。

如果在收尾階段，請客戶購買你的產品時卻支支吾吾，就等於你對自己的產品缺乏真正的認同感。客戶會覺得你的不確定，是在考慮如何挑選措辭，而非對自己的產品缺乏認同感嗎？不會。客戶感覺到的都是細微的、非語言上的細節，而且會在你請他們購買產品時注意到這些。在客戶的內心，又會再次出現抵抗銷售的情緒。

不要任憑客戶進行主觀臆斷。請他們購買你的產品／服務時，無論如何也不能遲疑，也不能對產品、服務價值、你提出的行動呼籲（請客戶購買產品／服務）抱有任何不確定感。

在收尾階段如何避免不確定性？一字一句地寫下請客戶採取行動時，你打算說的最後幾句話就可以了，然後不斷練習大聲說出來，直到你有信心，保證說完這句話，客戶馬上就會採取行動（購買你的產品／服務）。

收尾時，你當然不會在客戶面前一字不差地念出這些話。沒有必要記下來，然後背給客戶聽。大聲練習收尾詞，在於創建一個簡單可行的模式，讓你可以在客戶做決策時，充滿信心地說出簡潔的收尾詞，而且語氣中流露出自信，相信客戶一定會購買。

充分利用你的知識

光學習如何收尾還不夠。公司付薪水給你，不僅是因為你學到的知識，還因為你能有效地加以運用這些知識。既然你已經明白如何收尾，就把學到的知識付諸實踐吧！請在下面的練習中，分別為你的產品寫一份直接收尾詞、試探性收尾詞，以及交替前進式收尾詞。

下面是銷售〇〇產品／服務的範例。

・直接收尾

「您今天想訂多少〇〇產品？」

「您看這批產品最好在什麼時候交貨？」

・試探性收尾

「如果您今天訂購我們的〇〇產品，會需要多少？」

「如果您要採購我們的〇〇產品，您想要哪個型號？」

・**交替前進式收尾**

「您想用支票還是信用卡支付？」

「您想在二十四小時之內收到貨，還是想用常規陸運？」

「您想延長售後維修期，還是想要九十天的標準售後維修期？」

現在換你了。按照這三種類型，分別寫下三句收尾詞。你可能會發現，大聲說出收尾詞有助於你調整措辭，以確保說話時比較自然。

你的產品或服務：

・**直接收尾**：

「　　　　」

「　　　　」

「　　　　」

・**試探性收尾**：

「　　　　」

「　　　　」

「　　　　」

・交替前進式收尾：

「　　　」

「　　　」

「　　　」

然後，準備運用班傑明・富蘭克林式的收尾策略。拿一張紙，從上到下在中間畫一條線，列出所有你能想到的購買理由。與客戶見面前，你準備得越充分，越有可能把潛在客戶發展成對你滿意的客戶。

有效收尾的兩個關鍵原則

無論你是剛起步的銷售菜鳥，還是經驗豐富的銷售老手，收尾時都要注意兩個常犯的錯誤。這兩個錯誤都很低級，但代價非常大，會破壞你在此之前取得的成果。即便你的收尾不理想或錯過了好時機，只要有效堅持這兩個關鍵原則，都會讓客戶更可能購買你的產品。

一、保持放鬆

業務在收尾時常犯的第一個錯誤，就是緊張。正如前面提到的，人的外在形態可能會從放鬆和投入變成急躁或莽撞。

收尾階段對你來說可能是焦慮期，因為你馬上就知道客戶到底會不會購買產品。同樣的，此時對客戶來說也可能是焦慮期，因為他們馬上要做的決定，可能會花自己或公司的錢。

狀態放鬆的客戶更容易決定購買你的產品。要想讓他們保持放鬆，你自己在收尾時就不能太緊繃。為什麼？因為在整個銷售過程中，你已經和客戶建立起非常牢固的融洽關係。因此，你們的行為會彼此影響。如果你在收尾時突然變得緊張起來，客戶就會被你影響而感到慌張。

想像一下，客戶本來已經快被你說服要馬上購買產品了，卻突然緊張起來，變得猶豫不決。並不是你說錯了什麼，而是你做了什麼！這多諷刺啊！你在收尾時突然變得忐忑不安，客戶會把自己突然產生的慌亂情緒和不自在感，解讀成「直覺告訴我不要買」。所以，最重要的是，你在收尾階段必須始終保持放鬆。

現在，慢慢深呼吸，親切微笑。要像看書時一樣放鬆，收尾時就要保持這種狀態。

當然，客戶的焦慮也並不都是因為受到業務的影響。有些客戶不是因為你請他們做決定才焦慮，而是因為他們幾乎每次做決定時都會慌張。對有些人來說，早上決定穿什麼衣服、晚上吃什麼，都會造成情緒上的波動。儘管這是客戶的內在問題，但你可以藉由讓自己保持放鬆，進而讓他們也放鬆下來。

二、保持安靜

業務在收尾時常犯的第二個錯誤是，向客戶提出購買請求後還一直說個不停。他們需要時間考慮。只要你說個不停，他們就沒機會思考你在銷售陳述時告知的那些資訊。保持安靜，讓他們有機會考慮一下如何決定。

如果你在收尾時說個不停，客戶就會覺得你還有一些資訊沒說完。

你應該好好考慮提問和陳述的先後順序。在與客戶見面的過程中，問一些雙方都感興趣的話題，以此建立起融洽的關係；然後，接著問一些與業務相關的問題，以瞭解客戶的需求；在銷售陳述過程中，要陳述事實，以便客戶做決定；到了收尾階段，則要透過提問來讓客戶採取行動。

客戶在考慮購買時會安靜下來。但是，如果他們還沒想好，你又開始推銷：「別忘了，如果在月底前購買還能打九折。」「如果超過一百件，可以免運費。」「訂單中包含一年的客戶支援服務。」

你這樣做會分散客戶的注意力，還會讓他們很困惑。你的收尾問題表明客戶該做決定了，但你後來說的話又繼續說明為什麼該購買你的產品，導致客戶在不知不覺中開始懷疑：

自己瞭解的資訊是否足以做出決定。

人們在困惑時會說「不」。這種模稜兩可的話對客戶造成的困惑，足以讓他們拖延著不做決定。更壞的結果是，還可能導致本來要下單的客戶變得猶豫不決。避免這個錯誤就是如此重要。在收尾時保持安靜，有助於你不丟掉實際上早就到手的訂單。

有效收尾的模式很簡單。在銷售陳述的尾聲請客戶購買你的產品時，慢慢地深呼吸、放鬆，然後保持安靜，直到客戶回應你的收尾問題。

「好啊」「不了」「也許吧」

一旦這種簡單的模式成了習慣，你就會開始享受客戶的決策時刻，而不是害怕。這時任何事都可能發生。你的客戶可能會大聲說：「好啊！我買兩套！」；或問一些問題、表達一些顧慮（這都屬於「可能會買」的範疇）；或者客戶會說：「絕對不了！永遠都不會買！」但客戶不會乾坐在那裡一言不發。

他們會回應，因為還得抓緊時間處理別的工作，並解決自己面臨的問題。到了這個節骨眼，他們幾乎不會斬釘截鐵地說「不」。要是想拒絕的話，在此之前可能就已經回絕了。大多數情況下，他們會說「好」，然後問你一個問題、表達一個顧慮，或和你商量一下合約的具體條款。

這樣一來，我們就回到本書最開始提到的內容——如果客戶說「不」。所有優秀的專業業務都聽過「不」。事實上，幾乎沒有客戶會在第一次就說「好」。所以，你在心理和情緒上都要準備好應對這三種基本回應方式。實際上，你要預測客戶的反應。重頭戲開始了！這是你賺錢的關鍵時刻，也是界定你是否為頂級業務的時刻。

重點整理

- 如果你想拿到訂單，就得問客戶想不想把訂單給你。
- 在銷售過程中，既要瞭解，也要應對你和客戶雙方的恐懼心理。
- 銷售的重頭戲，不是銷售陳述，而是收尾。
- 請客戶做決定之前，要總結已經說過並得到客戶認可的要點。這一點非常重要。
- 直接收尾型問題會直截了當地請客戶採取行動。
- 透過試探性收尾問題，基本上可以判斷出客戶什麼時候會做決定。
- 問完收尾問題後，要保持放鬆、保持安靜，這兩點非常重要。
- 不要打斷客戶的思考過程。

銷售實踐三 收尾時向客戶提問

情境A：商務場合的銷售拜訪

凱特覺得自己的銷售陳述離收尾越來越近了。

進行銷售陳述時，凱特提到史蒂文斯先生想要的結果——讓他的團隊能準時完工，而沒有說到他想避免的結果。她用的都是「可以、能、希望」之類的詞，從而和史蒂文斯用的可能性詞彙相匹配。為了和史蒂文斯先生用的感覺類詞彙相匹配，她也用了「明白、冷靜和感覺」這樣的詞。

她放慢語速，和史蒂文斯先生不慌不忙的語速保持一致。另外，她還改變了自己的陳述風格，用平板電腦讓對方看了幾張產品模型圖，並在適當情況下用手勢配合自己說的話。

最重要的是，她把產品和服務的每一項特性和相關優點都告訴客戶。除了說明某些特性（這些會讓客戶覺得他們公司的〇〇產品更可靠），還提到這些產品特性會如何避免以前出現過的問題，從而減少不必要的損失。

現在，凱特準備收尾了。她首先提出一些試探性收尾的問題：「迪恩，你說過目前使用的〇〇產品中，有的並不好用。如果要換掉這些不可靠的〇〇產品，大概要換掉多少呢？」

「我們去年有兩套〇〇產品出現問題，但現在還有一套也出現過度耗損的跡象。」

凱特不確定對方的意思是要買兩套還是三套，但她一般都是算最大值。她接下來問的試探性收尾問題，目的是要確定自己最後該向對方推薦哪個型號的產品：「您想要標準型還是豪華型？」

「呃，對我們的業務來說，豪華型更適合。我們對〇〇產品的要求很高，所以不太相信標準型能滿足我們的需求。」

「迪恩，你知道為什麼我們如此以自己的產品為傲嗎？」

「我知道。你們產品的品質絕對比我們目前用的好。如果你們的服務真像妳說的那麼好，我會好好考慮的。」

「太好了！您先訂購三套〇〇產品，還是兩套？」

史蒂文斯靠在椅子上，在心裡盤算了一下。他看了看凱特平板電腦上的產品圖，又看了看桌上的一些文件。

史蒂文斯先生思考時，凱特耐心地坐在那裡，臉上帶著滿懷期待的愉快表情。她不確定對方接下來會做什麼，但她對目前的結果很滿意，因為之前談論的賣點讓客戶正在考慮要不要下單。她低頭看著自己的平板電腦，留給對方一點考慮時間。

最後史蒂文斯先生說：「我們現在正處於業務旺季，我不知道現在適不適合換供應商。

目前供應商提供的服務確實不太行，但價格還可以。」

史蒂文斯先生說了一個顧慮，這讓他難以決定馬上購買凱特的產品，收尾時機就這樣溜走了。按照「說服客戶的循環」，他們的外循環過程結束了，內循環過程馬上就要開始了。

情境B：家庭場合的銷售拜訪

鮑伯的銷售陳述快要結束了。過程中，他為了和蓋瑞、派特的用詞習慣（如不得不、需要）保持一致，用了一些類似於「必須」之類的詞彙。同時，他還使用聽覺類詞彙，比如：聽起來不錯，聽起來很耳熟等。由於派特和蓋瑞說的都是他們以後想避免的事，所以鮑伯一直說明他們需要怎麼做，才能避免這些事情發生。鮑伯並沒有表現得過於誇張，只是站在幫助他們防止壞事發生的立場介紹產品，沒有描述他們想看到的好事。這種說話方式並不符合鮑伯的本性。他總和妻子說想要什麼，而非不想要什麼。但他現在是在向派特和蓋瑞推銷，所以需要配合他們的說話方式。

鮑伯講了一些協力廠商的情況，藉此打消派特和蓋瑞對這個產業的顧慮。他讓他們看了一下消費者報告，上頭顯示「〇〇房地產公司」位居同業前列。他拿著公司宣傳手冊向他們介紹公司產品的特性和優點。他提到的優點都有明確的針對性，就是為了應對派特和蓋瑞沒遇過卻非常擔憂的處境。鮑伯將書面合約直接放在公司宣傳手冊下面。在銷售陳述過程中，每次他拿起和放下手冊，派特和蓋瑞都能清清楚楚地看到「〇〇房地產公司」的合約。當派特問到客戶服務期限時，鮑伯直接讓她看合約中的相關條款；當蓋瑞問到保固期時，鮑伯直接讓他們看合約中規定的內容。因此，在銷售陳述結束時，派特和蓋瑞已經習慣看到合約了。

現在鮑伯準備開始收尾了。他首先問了幾個能得到肯定回答的問題：「兩位剛剛說，戴安娜明年就畢業了，到時候可能會搬出去，對吧？」

派特和蓋瑞點點頭。

「剛剛已經提到〇〇房地產公司會帶給兩位的種種好處，以及現在就採取行動比之後好的理由。」鮑伯簡單總結了一下這些好處，他們又點了點頭。

鮑伯拿起合約，指著保固期條款對蓋瑞說：「我們剛剛已經聊過保固期了。」然後對派特說：「我們也聊過客戶服務了。」鮑伯把合約翻了過來，拿起筆說：「我想兩位希望把〇〇產品送到這裡吧？」

「我們都讓人把東西送到家裡來，但是……」派特看了看蓋瑞。

鮑伯繼續說：「上午送過來比較好，還是下午比較方便？」

「呃……」蓋瑞不確定地說道。

鮑伯等著蓋瑞回答。他並沒有提出直接收尾型問題，而是利用文件收尾。這麼做是為了繼續問一系列的試探性收尾問題，一直問到派特和蓋瑞在協議上簽字，或問到他們不讓鮑伯再說下去為止。鮑伯認為蓋瑞還沒有顯露出他猶豫不決的原因，這些試探性收尾問題是挑明這些原因的最好方式。

到了蓋瑞做決定的時候。鮑伯感覺到他正在糾結要不要買，於是留了一點時間給他考慮。蓋瑞最終說：「我們不知道是不是該現在買。」

鮑伯不帶任何感情地重複蓋瑞的話：「您不知道是不是該現在買？」

派特打斷了鮑伯的話，換了個話題：「我不知道○○產品對自己有什麼用，我不太瞭解這種東西。如果蓋瑞有其他急事需要用錢，那該怎麼辦？」

派特一提出這個問題，決策時刻就消逝了。按照「說服客戶的循環」，他們完成了外循環的各個環節，現在該開始內循環過程了。

第三部

如果客戶說「不」

NO

11 重新建立融洽關係

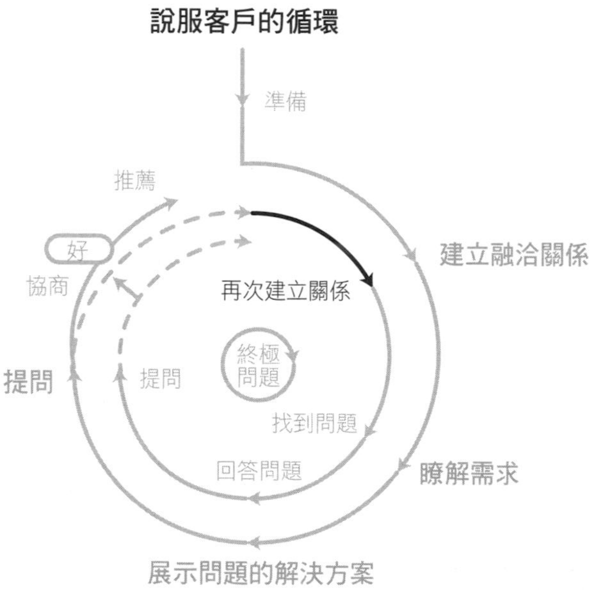

內循環

恭喜你！如前所述，你現在已經完成了「說服客戶的循環」中的外循環過程，引導客戶到決策節點。你請客戶馬上購買你的產品，但他們說了「不」。他們可能已經告訴你為什麼，也可能什麼都沒說，這都沒關係。

銷售過程的這個節點，實際上正是本書的重要內容所在，因為很多業務正是在此時難以向前推進。當他們聽到「不」之後，就開始打退堂鼓，準備撤退，開始思考和下個客戶見面的事、待會兒要去哪裡吃東西喝咖啡、稍候需要打哪些電話與回覆哪些郵件等等。換句話說，他們一聽到客戶說「不」，心理上就放棄了。

但是，你要明白客戶說了幾次「不」之後，還有別條路可以走。即便如此，你應該思考一下自己聽到的「不」，裡頭包含什麼樣的客戶心理。

是時候快速反思以下問題了：

- 你準備好應對客戶可能做出的所有回應嗎？還是否定答案真的讓你措手不及？
- 你是不是誤認客戶釋放出的信號，以為他們要買你的產品？
- 是不是客戶有某個顧慮，你卻沒有察覺到？

如果客戶臉上帶著微笑，狀態也很投入，那當然很好，但不要操之過急。在整個銷售過程中，你必須時時準備好應對客戶突然喊停的情況。如果客戶釋放出積極的購買信號，就說明你的方向是對的。**在真正得到客戶同意和相應資金前，都不算成功拿到訂單。**

如果客戶不微笑或不投入，該怎麼辦？形勢不太佳，但不要過早放棄，也不要在還沒完成銷售陳述前，就認定客戶今天不會買你的產品。

- 可能客戶還沒有完全瞭解產品的優點。

• 可能客戶正在認真考慮你的產品對他們有什麼好處。
• 可能客戶就像打牌一樣，在和你玩「心理戰」，得意自己在銷售陳述階段不對你釋放購買信號。

不管客戶這種行為背後的原因是什麼，只要他們還在繼續聽你說話，你就有機會成功拿下訂單。記住，要和客戶的行為保持一致。面對一開始態度冷淡的客戶，只要觸及他們關心的敏感問題，對方就可能會突然活躍起來。這就是為什麼關注對方的身體語言如此重要的原因。實際上，與語言線索相比，非語言線索通常更容易察覺。

注意！在遠端銷售中，比如網路或電話銷售，可能會發現客戶提的問題相對更多；客戶的語氣與現實中的語氣相比，有更細微的變化——比之前表現出了更多興趣。

如果把客戶說的「不」比作一團烏雲，那烏雲背後存在的一線希望就是——任何始料未及或不理想的狀況，都是證明你是真正專業業務的機會。不知道為什麼，有些客戶似乎非常喜歡讓業務驚慌失措。如果你以職業化的冷靜態度來處理他們提出的問題、做出的評價，甚至意料之外的行為，他們就會對你越來越有信心。要期待最好的結果，做最壞的打算！如果你事先做好了準備，最壞的結果也壞不到哪去。

「也許吧」也是在說「不」

記住，有些客戶不會直接說「不」，而是會說「也許吧」。正如本書一開始提到的，你必須把「也許吧」當成「不」來對待，原因很簡單——客戶並沒有說「好」。「好」就是客戶在文件上簽字，並且／或者直接給你貨款；「也許吧」和「不」就是客戶沒在文件上簽字，也沒有把錢交給你。就是這麼簡單。

由於很多業務都在「也許吧」上栽了跟頭，所以通常要把「不」和「也許吧」看成同一個意思，兩者只是表達方式不一樣而已。很多客戶視「也許吧」為一種禮貌的拒絕方式。有些業務自欺欺人地認為，只要客戶沒說「不」、只要繼續推銷，客戶最終都會讓步並購買他們的產品。

不要再認為客戶只要說了「也許吧」，訂單就是你的，剩下的只是走走流程而已。如果你有這種想法，就是在誤導自己。即使你花了很多時間才與客戶見到面、為了引導客戶購買產品而在銷售陳述過程中做了很多努力，最後可能是客戶想拖延做出購買決定的時間。說「也許吧」的客戶，通常都是在拖延。

為了讓銷售額翻倍，你一定希望把大部分的時間花在能馬上對你說「好」的客戶身上。本章就是要講解：當你第一次提出收尾問題，客戶卻不採取行動時，你應該採取哪些策略。

「說服客戶的循環」中，說明了聽到客戶說「不」或「也許吧」之後，該如何繼續推進銷售進程。實際上，有時候「也許吧」只是銷售過程的中止點。在完成「說服客戶的循環」的內循環之前，一切都無法確定。接下來幾章將對此進行詳述。在內循環的最後，如果你聽到客戶所說的「也許吧」是個中止點，就要制訂一個繼續與客戶應對的計畫，直到他們說「好」為止。然後，確定你應該投入多少時間和精力在這些客戶身上。

關於內循環的重大發現

還記得第四章提到的銷售的四步驟嗎？一、與客戶建立融洽的關係。二、瞭解客戶需求。三、向客戶展示問題的解決方案。四、在收尾時向客戶提問。

在銷售過程的第一次收尾環節，「說服客戶的循環」會提供一個令人驚奇的視角。如果客戶提出問題或顧慮，就可以按照引導客戶進行首次決策時遵循的四個步驟！第一次聽到客戶對你說「不」之後，如果沿著「說服客戶的循環」的內循環依次採取相應步驟，速度會比外循環的步驟快很多，而且會讓你離結單更近一步。對很多業務來說，這是一個意義深遠的重大發現。

內循環流程可以讓你明白什麼時候該問問題，什麼時候做陳述，以及什麼時候保持沉默。簡單地說，就是可以讓你再次引導客戶到決策時刻，而且你的信心和能力還會和之前一樣強，不因被客戶拒絕而大受打擊。

相比之下，大多數觀望型業務不是保持沉默，就是和客戶玩起「一問一答」的遊戲，而不是按照計畫好的步驟達成這筆交易。在這種語言遊戲中，客戶往往會掌握控制權。業務首次試圖收尾時，客戶可能說了「不」，但仍滿懷興趣地提出一些問題。這就是一個信號，說明客戶想購買你的產品。經驗豐富的專業業務進入這個內循環之後，非常樂於看到這種情況。

然而，觀望型業務在回答完客戶的問題後，就會陷入沉默，好像他們回答完就成交了一樣，讓客戶完全掌控了銷售過程的其他步驟和節奏。但至少這些觀望型業務知道，透過「回答再提問」的方式能掌控對話。

舉例來說，假如客戶詢問能不能在本月十五日前交貨，一般業務會回答「能」或「不能」，然後就什麼也不說了；訓練有素的業務則會把回答變成一個「行動呼籲」式的問題——「鮑伯，如果我能保證交貨日不晚於本月十五日，你今天就可以下訂單嗎？」「如果我能……您會……嗎？」這類問題，是直接請客戶採取行動的一種方式。

如果交付日期是阻礙客戶做決定的最後一個問題，他們給你的回答就會是肯定的，你也就拿到訂單了。如果客戶猶豫了，可能表示還有其他問題需要解決，然後他們才會決定購買你的產品。但起碼你現在對他們的顧慮又多了一些瞭解。

如果不知道客戶遲遲不決定的原因，就好像是徒手抓幽靈一樣，沒什麼具體可以下手的地方。如果你自己提的問題和回答，都是在引導客戶購買你的產品，就相當於把這個無形的幽靈變成抓得住的具體事物。

和外循環的步驟一樣，內循環的說服過程就像是下象棋，一開始走的那幾步，決定客戶會有什麼樣的回應。在這個過程中，你會發現內循環的說服過程與外循環有以下兩大區別：

一、內循環的每一步都比相應的外循環步驟快。

二、在內循環「再次與客戶建立融洽的關係」這個階段，你是在做陳述，而不是在問問題。本章後續將探討「解決客戶提出的問題或顧慮時，首先該做什麼」，並針對這一點進行更多闡述。

再次與客戶建立融洽的關係

聽到客戶說「不」之後，想解決客戶的問題或顧慮，第一步就是重新與客戶建立起融洽的關係。一起來回顧一下，銷售陳述過程中發生了什麼事，會影響你與客戶之間的融洽關係。

一、當時，你讓客戶自行決定是否購買你的產品

對很多客戶來說，做任何決定都是不自在的過程。因此，你讓客戶自行進行決策，會導致他們很不自在，進而暫時破壞你們之間的融洽關係，尤其是這個決定還涉及他的時間和金錢的時候，更是如此。金錢方面的決定通常由情緒掌控，充滿了戲劇性。多數人都想把自己的錢握在手裡，不想放手；多數人也希望能感覺到自己為公司或家庭做了一個明智的決定。這都會讓他們產生很大的壓力。

二、當時，你向客戶要錢

在你請客戶購買你的產品之前，很容易就能讓客戶覺得你和他是站在一邊的。因為：

- 你很友善。
- 你真的有興趣瞭解他的需求。
- 你讓他瞭解很多資訊（教育客戶）。
- 你做的事對他很有幫助。

但當你最後請客戶掏錢購買產品時，你們的關係通常就會發生變化。在心理和感情層面上，客戶都會覺得你已經從一位「幫助他的朋友」變成「想謀財的對手」。他們的防禦性（也就是抵抗銷售的情緒）因此而遭到強化。你必須再次與客戶建立起融洽的關係，才能消除這

種感覺。其實本質上，就是先穩定客戶的情緒，然後他們才可能再次把你視為幫助自己的顧問。

三、當時，客戶沒有同意你的請求

另一個暫時影響你們融洽關係的原因是，客戶沒有同意你的請求，也就是不同意購買你的產品。有時候，他們可能是喜歡取悅別人的客戶，不喜歡對別人說「不」。

在這種情況下，客戶可能會覺得很尷尬，因為他們之前拒絕了你。他們可能會希望銷售過程趕快結束，你也能馬上離開。你的任務就是向他們保證，沒同意你的請求，不會讓你不想幫助他們或不喜歡他們了。要打消他們的這個念頭。

注意！在真正的決策時刻，如果客戶有一點不自在也沒關係，多數人面對變化都會覺得不安。他們必須要創造並接受一些變化，才能享受到你的產品為他們帶來的好處。

客戶之所以會提出看似與聊天話題無關的問題或顧慮，而不是直接對你的收尾問題說「不」，一部分的原因就是為了避免做決定的痛苦。透過提出一些問題或顧慮，他們就不需要馬上做決定了。這時候，只要你明白自己處於銷售過程的哪個階段，並且知道下一步該做什麼，那就沒關係。客戶採取這種做法，其實就是在說：「也許（會買）吧。」他們對你的產品還有興趣，可以讓對話進行下去……而不是對你說「不」，然後讓你走。

但是，不管客戶出於什麼理由無法馬上決定，你都要讓他們知道：還沒決定要不要買沒關係，並透過這種方式重建你們的融洽關係。這一步的重要性，不亞於在一開始就建立融洽的關係。重新建立起這樣的關係後，當你替客戶解決阻礙他們做出決定的問題或顧慮時，他們就更可能相信你說的話。儘管做決定會讓客戶覺得不自在，在這個過程中讓自己討人喜歡，對你更有好處，因為客戶想和討人喜歡的業務做生意。

不過與銷售拜訪剛開始時一樣，討人喜歡並不代表客戶一定會購買你的產品。但你如果在客戶的決策過程中被他們討厭了，可能就會提早結束這場會面。

為什麼業務在收尾之後，會變得不討人喜歡呢？因為他們會緊張、流露出失望或不耐煩等不高興的情緒。更糟糕的是，他們可能會流露出細微的蔑視情緒，或者透過非語言行為暗示客戶：任何有常識的人現在都會馬上下單。

好消息是，再次與客戶建立融洽關係與內循環流程中的其他步驟一樣，不需要像外循環流程中花那麼長的時間。透過短短幾句話，就可以與客戶重新建立起融洽的關係，比如：

「這是個好問題，很高興您能提出來。」

「我剛剛就想提這個問題，謝謝您提出來。」

「鮑伯，我理解你的猶豫。也許是我沒有完全理解你的情況。」

僅僅透過這一、兩句話，你就會讓客戶意識到：沒立刻說「好」也沒關係。重新建立起融洽關係，能讓你多獲得一些時間引導客戶重新做決定。只要客戶放鬆下來，你就可以進行下一步，重新審視他們的需求，確定你在第一回合漏了哪些東西。

在重新瞭解客戶需求的過程中，如果客戶說「不」，一定要保持鎮定，向他們展示出你自信、專業的一面。在這個環節，你要重新讓客戶覺得自在舒適，還要向客戶提出一些問題，確保你具體瞭解哪些因素，阻礙他們當天做出購買的決定。

重點整理

- 只要客戶仍然保持投入的狀態，你就有機會拿到訂單。
- 你必須把「也許吧」當成「不」來對待，原因很簡單——客戶並沒有說「好」。
- 客戶之所以說「不」，並非是對你或你的產品沒有信心，而是因為他們沒有信心自己能做出明智的決定。
- 聽到客戶第一次說「不」，不要像踢皮球一樣和客戶玩起「一問一答」的遊戲。
- 聽到客戶第一次說「不」，想要解決客戶的問題或顧慮，第一步就是重新與客戶建立起融洽的關係。

12 找到客戶的疑問

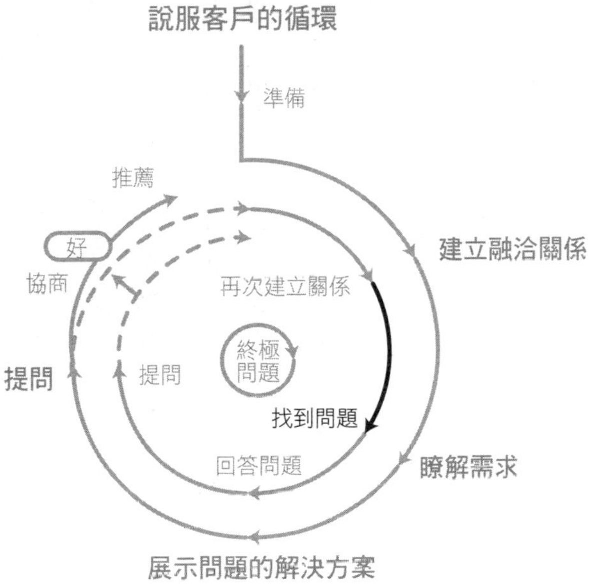

透過重新與客戶建立融洽關係，讓他們再次放鬆後，下一步就是確定自己被拒絕的真正理由。接著就可以為了解答客戶的疑問或顧慮，營造出理想的氛圍。

在內循環流程中，走到「回答客戶問題」的這個環節，你有以下兩個行動方案可以選擇：

一、被動地回應客戶的行為，等他們提出問題或顧慮。

二、退一步，看看自己在銷售過程的這個階段有什麼目標，然後積極主動地引導客戶重新做決定。

選擇前，先想想你為什麼要回答客戶

的問題、回應他們的顧慮。要注意，你的回答會影響你的行為及客戶的回應。

很多業務的目標是向客戶提供資訊，以這種方式回答客戶提出的問題和顧慮。他們想當然地認為，如果客戶沒有問題和顧慮了，那麼……他們一定是準備好下單了。在你的銷售生涯中，事情通常都是這樣進行的嗎？

客戶提出的問題或顧慮越多，就越不容易做決定。他們提出的每一個問題，都有可能讓話題偏離深具說服力的產品賣點。這就是為什麼銷售要成功，深諳提問策略如此重要。一方面，你想透過打消客戶的顧慮來說服客戶；另一方面，你還想促使他們決定購買你的產品。那麼，你應該如何協調這兩種想法呢？辦法是：抱有明確目標，並利用恰當的策略做到以下兩點：

一、找出所有阻礙客戶說「好」的問題和顧慮。

二、確認你針對客戶的顧慮做出答覆也使他們非常滿意，他們會馬上決定購買嗎？

歸根結底，要實現這兩個重要目標的關鍵就在於一個事實：正因為是客戶提出問題或顧慮，所以你不必馬上回應！你可以問問題、可以鼓勵他們繼續說下去，也可以保持沉默。不要急急忙忙地回答客戶提出的問題和顧慮！

另一個關鍵則在於：你要考慮在銷售過程的這個階段，自己扮演的是什麼角色。你將自己視為業務，急切地想從對話中找機會推銷嗎？還是將自己視為顧問，想說服客戶仔細考慮並做出明智決定？身為顧問，你要像之前瞭解客戶需求時一樣，想方設法弄清楚他們為什麼還在猶豫不決。

要實現這兩個重要目標，需要採取五個步驟。透過這五步，你就能讓客戶做好心理準備，好好傾聽你針對問題或顧慮的回應。實施這些步驟的速度可能會非常快。

第一步：傾聽

回應客戶提出的顧慮時，第一步是：**抱著理解客戶的目的去傾聽**。有效溝通的要點很多，其中之一就是該聽的時候聽，該說的時候說。我們都有兩隻耳朵、一張嘴。**身為專業業務，聆聽對方說話的時間，應該是自己說話時間的兩倍**。為了盡可能從客戶說的話裡提取資訊，要努力做個有同理心的傾聽者。也就是說，你要把注意力全都集中在客戶說的話，並觀察客戶說話時的非語言行為。你要尋找細節，進而判斷出什麼對他最重要。你肯定希望能明白客戶提出的問題本質上是在問什麼。簡言之，他們具體關心哪些問題？

很不幸地，有些業務更擅長講話。你以前曾和那些看似不聽你說話的人聊過天嗎？如果你和客戶交談時想著別的事，卻假裝在聽對方說話，他們也會有同樣的感受。

在第七章〈瞭解客戶需求〉的內容中，你已經明白業務如何利用自己的肢體語言與客戶進行非語言的交流，如目光接觸、點頭、身體前傾或身體遠離客戶等。在銷售過程中的這個節點，還要再用一次這些策略。**除了利用肢體語言表示自己在傾聽，也不要打斷客戶說話！**如果他們正提起購買你們公司的產品或服務有哪些顧慮，一名神志清醒的業務為什麼要傻到打斷客戶呢？如果客戶說的話建立在錯誤的想法、不準確的事實或理解錯誤的基礎上，業務經常會忍不住打斷客戶。由於業務經常聽到客戶如何說話，所以覺得自己知道他們接下來會說什麼。一定要忍住這種衝動，打斷客戶會讓你們的關係變得疏遠，尤其是在他們可能馬上就要決定購買的時候，更是如此。

讓客戶把話說完的另外一個原因，就是要讓他們釋放積壓在心裡的情感。他們聽了你的銷售陳述，現在要做一個簡單的陳述來回應你。給他們一個機會表達自己，抒發出來之後會感覺好一些——尤其如果他們覺得你在聽自己說話，他們的感覺會更好，你也會越來越明白有哪些因素阻礙他們做出購買決定。

注意！有些情況下，如果客戶解釋了自己沒有決定購買的原因後，有可能會接著打消顧慮。他們可能會意識到你已經說過某一點了，只不過是他們自己忘了而已。給他們這個機會，自己解決顧慮吧！

這對你和客戶來說是雙贏，儘管聽他們講自己有哪些顧慮並非愉快的事。但要記住，你有很多時間可以糾正他們的想法。在這個階段，你的目標就是說服客戶，而教育客戶是說服他們採取行動的重要步驟。但是如果你把教育客戶當成唯一的目標，結果可能是你成功表達自己的觀點，卻沒有說服客戶立即採取行動購買產品。

在銷售過程的這個階段，可以採用的另一個策略是：**提出印證式問題**。正如第七章所述，印證式問題可以讓客戶向你透露更多資訊。

如果客戶又向你透露了一些顧慮，或者又提出了新問題，就讓他繼續說。客戶越是對你講述自己的問題或顧慮，你瞭解的資訊就越多，進而越能引導他們做決定。透過使用簡單的印證式傾聽技巧，就能顯著提高客戶對你透露的資訊量，讓你明白他們為什麼還在猶豫。

「您說……是什麼意思？」

「請您再跟我說看看。」

相比之下，如果客戶開始反覆講著同樣的資訊，或者說些與他們做決定無關的話題，就要提出一些問題，把話題拉回正軌。

第二步：先重述客戶的問題和顧慮再回答

傾聽完之後，接下來要總結客戶提出的問題和顧慮，透過這種方式確認你理解他們的意思。**客戶不一定會說出自己的真實意思**，反正不會清楚地說出來。由於他們在決策過程中的情緒和感受會很複雜，所以更是難以清楚表達。

隨著會面結束時間越來越近，時間也就更加寶貴。這時，你最好確保自己真正明白客戶沒有立即採取行動的原因。否則，你可能會把寶貴的時間浪費在解決客戶不存在的顧慮上。這時，客戶可能會把注意力集中在你不夠理解他們的顧慮上頭，而不是購買決策本身。這時你可以這樣說：「為了確保我聽懂您說的問題，您是不是在說……」「所以說，您的顧慮是……對嗎？」

重述客戶的顧慮，有以下兩個明顯的優勢：

一、可以讓客戶明白你有在傾聽。

二、可以讓客戶聽到自己說過的話。有時候，自己的想法從別人嘴裡說出來之後，聽著就不是那麼言之有理了。

有時候，客戶會聽你總結他們提出的問題和顧慮；有時候也會糾正你說錯的地方。這真是個大好的消息！

首先，這意味著他們投入到和你的對話之中，投入的潛在客戶更有可能變成真正的客戶；其次，你能更加明確知道客戶沒有採取行動的原因是什麼；最後，你還能讓客戶冷靜下來，因為他們會意識到你終於明白了他們顧慮的本質。

重述客戶的顧慮和問題，最大的好處在於：你說的話可以大幅弱化客戶的負面情緒。單就總結的內容而言，你表達出的想法與客戶一致，但你的措辭可以弱化他們強烈的負面情緒、強化他們的積極性。這與之前提到的一個概念類似：**要告訴客戶你想要他們做什麼，別**

說你不想讓他們做什麼。只有這樣，你才能以一種更有利客戶做決定的語氣，表達出他所說的意思。

客戶：「我不相信你們的產品能（列舉產品優點）……」

業務：「您不確定我們的產品是否能（列舉產品優點）……」

客戶：「我很生氣，這些規定竟然強制我們……」

業務：「您不滿意這些規定要求您……」

客戶：「這個價格太高了。」

業務：「您懷疑不是物有所值。」

如果客戶一次說了一大堆顧慮，你會如何回應？你是否需要記住他們提到的每個顧慮，然後逐一解決？可能不需要。如果客戶一次對你講了很多顧慮，這可能只是他們的思緒，並不是他們沒有採取行動的關鍵因素。有些顧慮說出來之後，客戶自己也就忘了。這麼多顧慮，連他們自己也很難全都記住！

耐心聽客戶述說的過程中，你會逐漸明白哪些顧慮更加重要，因為他們的情緒也許會更激動。如果某個顧慮對客戶來說很重要，你卻忘了回應，他們可能就會再提一次。對他們決策過程至關重要的顧慮，不會簡簡單單地被忽略掉。你可以透過提問來確定哪些顧慮對客戶來說最重要，比如說：「您剛剛提到幾個顧慮，對您來說，最重要的是不是……我這樣說對嗎？」

第三步：找到認同之處

盡可能認同客戶的顧慮。舉例來講，你可以贊同他們的感受，而不贊同他們顧慮的內容。舉例來說，客戶不滿合約中的某項法規條款會導致成本過高，認為屬於資金浪費。即使你認為這條法規符合社會大眾的最大利益，你也可以附和客戶的感受，表示這筆額外支出確實讓人很苦惱。

注意！用「我明白」這三個字來回應客戶的顧慮時要當心。如果你真的明白他們的意思，這三個字可能會讓客戶覺得很安慰、很有用。不幸的是，即使業務並不理解客戶的意思，卻經常習慣性地說出這三個字。有時候客戶還沒說完，業務就不認真聽了，因為他們已經想好自己接下來要說什麼。在這種情況下，「我明白」這三個字真有些居高臨下的意味，意思是說：「別說了！我明白了，不管你接下來要說什麼，其實都是錯的。我們聊一聊吧，

我會糾正你的想法。」你無法瞞過客戶。如果你沒有聽他們說話，他們感覺得到。很多客戶會覺得你不尊重他們，因為你沒有認真聽他們說話，而他們在你進行銷售陳述時卻聽得非常認真。

相較之下，如果你在某些方面認同客戶說的話，就表示你在傾聽，而且這會營造出愉快的氛圍，讓你們在阻礙決策的因素上找到一致的地方。記住，你現在還沒開始解決客戶提出的問題和顧慮，這個環節稍後才會開始。你現在是透過傾聽客戶的顧慮來奠定基調，透過在某些方面認同客戶，來確認他們的真實想法。

「我贊同您說的……」你應該以這神奇的六個字開頭，來回應客戶的顧慮！以下是一些例子：

顧慮：「我覺得自己不需要這個產品。」

認同的地方：「我贊同您說的，您應該只投資在對貴公司有幫助的產品。」（你並沒有認同客戶不需要這個產品的想法。）

顧慮：「你們服務團隊提供的服務很差。」

認同的地方：「我們絕對贊同您的意思，每位尊貴的客戶都應該獲得優質的服務。」（你並沒有認同你們的服務團隊提供的服務真的很差。）

顧慮：「你們的客服代表在電話裡對我很凶、很沒禮貌。」

認同的地方：「我能理解您的感受。我贊同您說的，我們的工作人員應該始終保持專業的工作態度。」（你並沒有認同你們的客服代表在電話上很無禮。）

注意！在與客戶會面的過程中，你採取的每個行動都會帶來相應的後果。如果你選擇與客戶爭論他們的顧慮是否有事實依據，就談不了客戶的購買決策。你必須確定話題的重要性，不然可能因小失大。如果你在某些方面贊同客戶的顧慮，就相當於在法庭上說「不抗辯」——既不是認罪，也不是說自己清白。你們在這個環節聊的每個話題都可能有兩種結果：讓客戶更可能說「好」、降低客戶說「好」的可能性。相較之下，始終把注意力集中在能引導客戶做決定的話題上，會是更好的選擇。

現在，該把你學到的新知識付諸實踐了。以上面的例子為指導，寫出三個你經常聽到的潛在客戶顧慮。然後，在每個顧慮下寫出你認同的一個部分，即使你不是完全認同他們也沒關係。

- **顧慮A：**____
- **認同處：**____
- **顧慮B：**____

・認同處：＿＿＿＿＿＿＿＿＿＿＿＿＿＿＿＿＿

・顧慮C：＿＿＿＿＿＿＿＿＿＿＿＿＿＿＿＿＿

・認同處：＿＿＿＿＿＿＿＿＿＿＿＿＿＿＿＿＿

嚴格說來，有種顧慮不應該認同。在罕見的情況下，潛在客戶會質疑你本人或公司的誠信。身為在優質企業工作又正直誠信的業務，你應該很少遇到客戶有這樣的顧慮。但如果遇到了，一定要保持冷靜，以專業的方式立即反駁潛在客戶。生命中有些東西值得你奮力維護。如果他們蔑視了你的人格，而你面對這種指控卻選擇默默忍受，他們可能會認為你在一定程度上承認了這種指控。即使他們指控的是你的公司而非你本人，但是你明知公司沒有誠信卻仍為其工作，這對你個人而言又意味著什麼呢？

面對客戶在誠信方面的顧慮，一個有效的反駁方式是，用客戶的話回應。比如：

客戶：「你們公司的產品一定會故障。」

業務：「我們公司不生產一定會故障的產品。」

客戶：「你們訂價過高。」

業務：「我們的訂價並沒有過高。」

這些話是否有效，關鍵在於你說的方式。要看著客戶的眼睛，冷靜、堅定地用他們的話反駁。不要多做解釋，因為你無法解釋誠信這件事。

很多潛在客戶只是在發洩情緒。一旦他們意識到自己質疑了你的誠信，多半就會退讓。他們可能仍然對產品壽命和訂價有問題，但現在對話的主題就從誠信轉移到典型的銷售問題了。有些情況下，你可能還會因此獲得一點點優勢，因為客戶會發現自己在莫名情緒驅使下質疑你的誠信，並因而感到內疚。

如果潛在客戶沒有退讓，這次銷售會面就算結束了。你怎麼能和那些認為你或你們公司不誠信的人做生意呢？去找那些相信這一切的潛在客戶吧。

第四步：確認客戶已經說出所有顧慮

為什麼確認客戶是否說出心中所有問題和顧慮如此重要？

第一，透過提問，你能繼續掌控對話的方向和節奏。由於做決定會讓人不安，所以很多客戶會想盡辦法避免。他們可能會繼續問更多問題，以此遠離令人不安的決策時刻。

第二，這會說服客戶去整理自己的思緒。你剛剛做完了銷售陳述，裡面有大量的新資訊。讓客戶說出仍存在心中的問題，有助於他們整理思緒，想清楚要不要按照你的建議採取行動。

第三，一次確定客戶心中的所有問題和顧慮，能防止出現反覆問答的局面。一般業務會把客戶提出的問題視為他們發出的購買信號。也許是這樣沒錯，但在銷售中，提問的人才掌控對話。

記住：網站就能回答問題，你的工作是說服客戶立即採取行動。因此，你要先收集客戶的所有顧慮，然後再做相應的回答：「這是您唯一的顧慮，還是有些問題需要確認，您才會做決定？請您坦誠地告訴我。」

如果你覺得客戶在立即採取行動前，還需要解決其他顧慮，就鼓勵他們多講一點：「我的工作是確保您的每一個問題都得到解答。您還有別的顧慮嗎？」要繼續耐心地詢問客戶還有哪些顧慮，直到你認為他們已經說完了為止。

如果客戶仍然不說出哪些因素阻礙他們立即採取行動，你會怎麼做？有兩個策略可以促使他們說出自己猶豫不決的真正原因。

第一，快速問一遍進行銷售陳述前提出的四個試探性問題：

「您之前說，自己就可以做決定，對嗎？」

「您之前說，如果您願意，今天就可以做決定，對嗎？」

「您之前還說，採購這批產品需要的資金今天已經到位了，對嗎？」

「最後一個問題，您之前也說產品品質是個重要因素。就我今天向您介紹的產品價值而言，您對購買我們公司的產品還有什麼疑慮嗎？」

提出這些試探性問題的時候要放鬆一點。這不是審訊，你是客戶的顧問，在幫他們做出明智的決定。客戶回答每一個問題時，你都要仔細觀察。如果他們看起來仍對某個方面不確定，就要鼓勵他們說出來。比如：「您似乎對這筆投資還有所顧慮。」

第二，繼續採取這個環節中的第五步驟，即最後一個步驟。如果客戶不願意採取下一步，就繼續和他們談談還有哪些顧慮沒有說出來。

第五步：確定客戶是否準備好採取行動

在上一個步驟中，你已經確認客戶說出所有問題和顧慮了。這個開頭很好，但僅憑這些還不夠，因為即便你針對這些顧慮做出很好的解答，他們仍然有可能會說「不」。因此，在解答客戶的顧慮前，要做的最後一件事是搞清楚：如果你的解答讓他們非常滿意，他們接下來會怎麼辦？

「如果我充分解答了您的顧慮……那麼您就可以做決定了嗎？」

用你覺得最舒服的方式，或最適合你所在產業的方式來提出這個問題。注意！「如果……那麼……」的句型屬於試探性收尾問題。你並不是要他們購買，而是詢問如果你符合了客戶要求的條件（充分解答顧慮），他們是否可以馬上採取行動？客戶可能會有點猶豫，但沒關係，深呼吸，放鬆，並且在客戶回答你的問題前保持安靜。

這個問題會獲得什麼效果？你在針對客戶的顧慮進行回應之前，就已經讓客戶確定，如果你的解答讓他們滿意，他們就會準備好採取行動。

即使他們不同意採取行動，你的問題也會讓他們離最終的決定更近一步。因為透過他們的回答，你就能瞭解到他們處於決策過程的哪個階段。他們的回答可以讓你有機會重新回到第四步，去詢問：「您在決定購買前還有哪些顧慮？」

客戶明明表示已經說出自己所有的顧慮，結果現在又提出其他顧慮？有可能發生這種事嗎？當然。在銷售拜訪中，什麼事都有可能發生。保持專業，重新走一遍這一章提到的五個步驟。最後收尾時再問一次：如果你解決了他們新提出的顧慮，他們是否會做出決定。

你可能會逐漸發現，對客戶來說，不管做任何決定都很困難。客戶可能也會開始找理由，比如：「我想考慮一下。」「我不想這麼快做決定。」不管如何，你都會提出終極問題。這一點將在第十四章詳細討論。

現在，該把你說服客戶的技巧付諸實踐了——寫下你最常聽客戶提到的三個顧慮，然後形成你要提出的試探性收尾問題「如果……那麼……」。寫下這些關鍵問題並大聲練習，能讓你在實際銷售過程中不會結結巴巴。客戶時時刻刻都在猶豫，在銷售過程中的這個節點，他們需要的是確定性。

如果你充滿信心地說出這些試探性收尾式的問題，有助於客戶發現，原來阻礙自己做決定的原因全在於自身的顧慮，進而引導他們逐步做出決定。下面是一些例子。

顧慮：「我問到比你們更低的報價。」

試探性收尾回應：「如果我能證明，我們的服務值得購買，您會進一步採取行動嗎？」

顧慮：「我需要更早交貨，你們能交貨的時間點太晚了。」

試探性收尾回應：「如果我們能在您要求的時間內交貨，您會給我們機會嗎？」

多個顧慮：「我不知道你們的產品和我們目前供應商的東西差多少，而且我們現在太忙了，無法更換供應商。」

試探性收尾回應：「如果我向您證明，我們的產品和您目前使用的產品大不相同，也告訴您多快就可以更換產品，那麼您是否有可能使用我們的產品呢？」

現在，寫出你最常聽到的三個顧慮，然後寫下「如果……那麼……」式問題。

顧慮A：＿＿＿＿＿＿＿＿＿＿＿＿＿＿＿

試探性收尾回應：＿＿＿＿＿＿＿＿＿＿＿＿

顧慮B：＿＿＿＿＿＿＿＿＿＿＿＿＿＿＿

試探性收尾回應：＿＿＿＿＿＿＿＿＿＿＿＿

顧慮C：＿＿＿＿＿＿＿＿＿＿＿＿＿＿＿

試探性收尾回應：＿＿＿＿＿＿＿＿＿＿＿＿

除了練習，別無他法。你既要在腦中練習銷售陳述時要說的話，也要以口頭進行練習。想達到最佳狀態，這兩種練習都是必要的。坤想情況是和別人搭檔練習。如果找不到人一起練，就先用手機錄音下來聽。這五個步驟在銷售過程中可以靈活運用。如果用得好，客戶就會非常認真聽你回答他們的問題。這一點將在第十三章詳細闡述。

重點整理

- 要一直詢問客戶有哪些問題和顧慮妨礙他們做決定，直到他們全說出來為止。
- 客戶提出問題或顧慮後，不必馬上回應。
- 要始終抱著理解客戶的目的，傾聽他們說話。
- 客戶不一定會說出真實想法。
- 如果客戶對你或公司的誠信存有疑慮，有效的反駁方式是用客戶的話來反駁。
- 回答客戶的問題前，要先確定他們已經把全部的顧慮都說出來了。
- 用「如果……那麼……」式的試探性收尾問題，來確定客戶是否已經準備好購買你的產品了。

13 回答客戶的問題

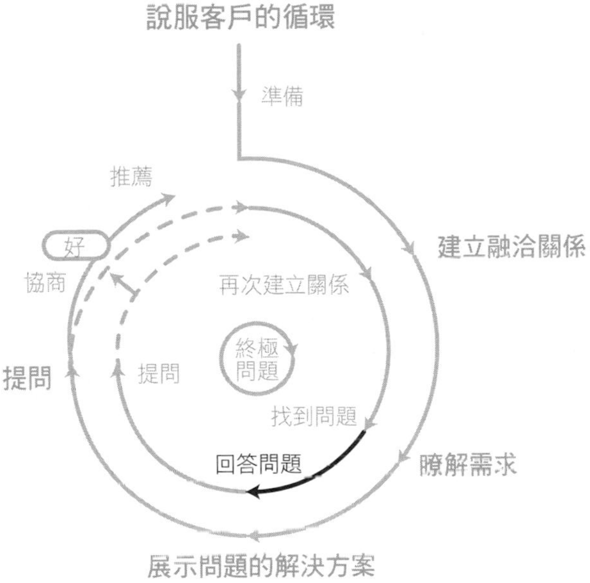

進入「說服客戶的循環」後，下個階段你要把回答客戶問題和顧慮，視為一系列簡短的銷售陳述。

與之前相比，這些銷售陳述只會占用一點點時間，但兩者目的和方法都是一樣的，都是為了讓客戶立即採取行動並購買，而向他們提供所需的關鍵資訊。在外循環階段，你已經做了全面的銷售陳述，涵蓋公司歷史、可信度及產品等。現在，你是根據客戶提出的具體問題或顧慮，向他們提供零碎的產品資訊。

在銷售過程中，此階段的重大問題之一是：**你需要提供客戶多少資訊？**基本上，他們做決定時需要多少資訊，你就提供多少。如果資訊過多，可能會引出很多話題，導致他們更不容易做出購買決策。

很不幸地，很多業務回應客戶的問題或顧慮時，就只是回答問題而已，沒有促進成交。在這個節點，回應客戶是為了引導他們再次做出決定。因此，回答完客戶的問題後，要確認你的答覆是否提供他們做決定所需的資訊。

你可以這樣問：「這樣回答有解決您的問題嗎……太好了。根據這些資訊，現在我們是不是可以繼續看看合約了？」「這些新資訊是不是方便您採取下一步行動？」

回應客戶的問題和顧慮時，在最後提出試探性收尾問題，可以達成以下三個目標：

一、**確保你完全解決客戶的問題和顧慮**。即使你覺得自己解答得非常好，也不要理所當然地認為這能完全解決客戶的問題。他們可能沒聽清楚你說什麼、可能當時在想別的事、還可能覺得你的答案一點都沒有解決他們的顧慮。除非直接和客戶確認你的回應有什麼價值，不然無法知道自己是否已經實現了這個目標。由於客戶的認可是進入下一個決策時刻的關鍵因素，所以值得花時間確認一下。

二、**讓你們自然過渡到下一個決策時刻**。如果客戶確認你已經完全解決他們的問題和顧慮，就相當於掃清了眼前的障礙，可以順利地請他們立即採取行動，也就是決定購買你的產品。

三、有助於你集中精力，解決重要問題。試探性收尾問題可以幫助你集中精力，引導客戶再次做決定，避免陷入觀望型銷售情境中。

如果客戶提出了多個問題和顧慮，你會怎麼做？每解答完一個問題或顧慮，都要和客戶確認你的回答是否讓他們滿意，但不要講完就讓客戶做決定，除非你已經打消他們所有的顧慮。如果省略掉你的回答，對話可能是這樣的。

「您剛剛提到幾個重要的顧慮，我們來逐一解決一下。關於……（給出你的回答）。我這麼說，有解決您在這方面的顧慮嗎？（解決了）太好了，您剛剛對……也有疑問……（給出你的回答）這樣回答解決您的問題了嗎？（解決了）」

這種對話會一直進行下去，直到你解決客戶的最後一個顧慮為止——「我們已經解決了您提到的所有問題。在進行下一步之前，還需要聊聊您的其他顧慮嗎？（沒別的顧慮了）好。那麼下一步是……」

現在你可以引導客戶進入下一個決策時刻了，這一點會在第十四章詳細闡述。

解答客戶顧慮和問題時要注意……

一、**不要覺得客戶提出的問題和顧慮是針對你**。很多客戶在決定是否購買時都會猶豫。這並不是在懷疑你的銷售能力，可能他們只是不擅長做決定而已。明白這一點並進行恰當的處理，可以讓你盈利頗豐。

二、**不要貶損你的競爭對手**。如果對你來說，拔高自己的唯一途徑就是貶低別人，那你可能就入錯行了。表現得專業一點，始終比貶低競爭對手更有說服力。如果你只是擔心客戶與另一家公司做生意存有風險，就鼓勵客戶徹底查一查那家公司的情況，然後到此為止。

三、**抱著感謝的態度，對待客戶提出的問題和顧慮**。與其讓客戶緘口不言，得用猜的才能有效說服他們購買你的產品，直接讓他們告訴你無法說「好」的原因顯然更棒，即便這些原因有時候並不討人喜歡。

四、**不要對客戶說「你們錯了」或「你們不懂」**。當客戶說：「我知道這個產品在一一〇伏特和二二〇伏特的電壓下都能用，對吧？」不要回答：「不對。在二二〇伏特的電壓下不能用。」而要說：「這個產品本來只能在一一〇伏特的電壓下使用，但我們有電源轉接頭，讓產品可以在二二〇伏特的電壓下使用。」

這個例子中，很明顯就能看出第一種回應客戶的說法不對，是吧？不幸的是，還有一種指出客戶錯誤的方式沒有這麼明顯，業務卻經常會不知不覺地這麼做。這種句型最常出現在銷售過程的這個階段，你一眼就能認出來這個句型——「是……但是……」

開頭說得特別好，「是……」表示認同，你想讓客戶說的就是這個字。然後，「但是」就帶來麻煩了。這種句型的破壞力在於「但是」，這個詞可以抹殺掉之前說的所有內容。

舉例來說，假設有人對你說：「這雙鞋很好看，但是和你的體型不搭。」這句話中的「但是」抹殺了對鞋子的讚美，並指出你不該穿這雙鞋。你喜歡讓別人說你做得不對嗎？肯定不喜歡。客戶也不喜歡。確實利用「是……但是……」句型比直接告訴對方錯了更委婉一點，但其實意思是一樣的，就是——「你錯了。」

在上一個例子中，「是……但是……」這個句型很容易理解。在銷售中，不經意間使用這個句型的情境通常是：客戶說完一句話，業務接著說：「是的，但是……」客戶說：「我覺得最好再等等，等我有足夠的現金之後再買你們的產品。」業務回應：「是，但是如果您現在就買，就能更快降低日常開銷了。」

業務說的「但是」否定了客戶的話，間接表示出「等到有足夠現金時再買」的想法是錯的。

「是……但是……」句型會讓客戶不高興的程度，就相當於在你們之間立起一道牆。沒有人喜歡被指出自己有錯，不管是直接說還是委婉說。相反地，要利用客戶的問題和顧慮來架起認同對方的橋梁。如果用「另外」來代替「但是」，客戶的回應就會好很多。這樣你就能以更令人愉悅的方式，扭轉你們的對話方向，更快引導客戶到決策時刻。

五、不要告訴客戶那些你做不了或不知道的事。相反地，你要告訴客戶你能做些什麼。

客戶：「你能延長保固期到一年嗎？」

不要說：「不好意思，保固期無法延長。」

而要說：「如果您第一次下單時以現金支付，我就能為您延長六個月的保固期。」

六、不要回答自己不知道的問題。如果你不知道怎麼回答某個問題，就要讓客戶知道，你會在搞清楚之後回答他們。客戶不會指望你能回答所有難題。

客戶：「如果那個月有三十天，又恰好在第二個周五遇上暴風雨，那該怎麼辦？」

業務：「這個問題很好，從來沒人問過。我回頭確定一下，然後儘快給您答覆。」

七、不要和客戶爭論，也不要表現出怒氣。如果你們的對話沒什麼進展，那就提出終極問題（第十四章會提到）。

到現在為止，你已經回應客戶的問題和顧慮，又為他們提供做決定所需的資訊，從而引導他們到了新的決策時刻。接下來該做什麼？你在「說服客戶的循環」的外循環過程結束時做了什麼，現在就做什麼——

再次請他們採取行動。

重點整理

- 把回答客戶問題和顧慮，視為一系列簡短的銷售陳述。
- 試探性收尾問題，能讓你確定是否完全解決客戶的疑問和顧慮。
- 永遠不要貶損你的競爭對手。
- 不要對客戶說「你們錯了」或「你們不懂」。
- 不要和客戶爭論。

14 提出成交要求的關鍵時刻

說服客戶的循環

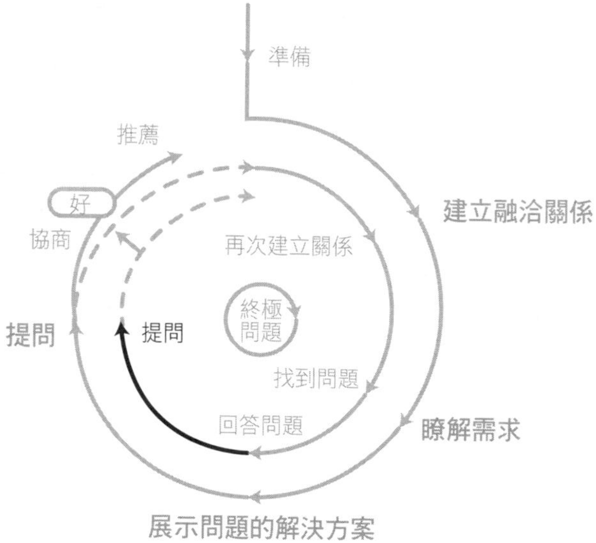

我們又到了這個節點，客戶已經掌握做出明智決定所需的所有資訊。此時，你也已經瞭解，自己在「說服客戶的外循環」中，沒有滿足的客戶需求。你針對客戶的所有疑問，都提供了讓他們可以接受的回答，也提到這次銷售涉及的所有資金問題。現在，該採取「內循環」中最後也最重要的一步了。

不管什麼時候，只要你解答完客戶的疑問和顧慮，最後都要請他們立即採取行動。對大多數業務來說，這相當於提出成交請求；對需要經過很多步才能成交的業務來說，這就相當於請求客戶進行下一步。

正如第十章所述，永遠不要假設客戶會主動。一旦你解決客戶的所有疑問和顧慮，就必須明確、直接地請求客戶採取你期望的行動。這正是你再次在銷售過程中掌控節奏的時機。

直接提出成交請求可以實現以下幾個目標：

一、**幫助客戶準確意識到自己處於決策過程中的哪個階段**。身為專業的業務，你知道客戶現在掌握了做出明智決定所需的所有資訊，但不要奢望他們自己也知道這一點。你必須積極地讓客戶意識到自己正處於決策時刻。記住三種基本的銷售活動：做陳述、問問題、保持沉默。提出收尾問題後保持沉默，可以非常明確地讓客戶意識到現在需要做決定了。

二、**幫助你繼續掌控彼此之間的對話**。如果某個決定涉及到錢，客戶做這種決定的時候通常都會覺得不舒服。這種自然而然產生的情感，可能會讓他們不願做出需要花錢、花時間的決定。因此，如果你不掌控對話，並讓客戶集中精力在銷售過程的下一步，他們可能就會拖延、問很多問題或轉移話題，目的就是避免做決定。

在這兒你說了算！就像為病人看病的醫生一樣，治療過程由你決定，根據病人的症狀對症下藥。在銷售拜訪中，這個對症下藥的過程，就是讓客戶明白你的產品或服務可以消除他們面臨的問題。到了決策時刻，你的收尾問題等於讓他們接受你的診斷結果和相應的治療方案，而你的沉默會留給他們做決定的時間。

在請客戶採取行動時，你的用詞要讓客戶在腦中浮現你想要他們做的事，而非你不想讓他們做的事。無論你說什麼，客戶都會在腦裡想一遍才能理解你的意思。因此，要確保你的收尾問題用詞都是在暗示客戶購買產品或服務。比如：更進一步、採取下一步、參與／投入、立即行動、作為我的客戶、產品保固範圍、購買決策、購買、滿意、得到您的同意、安排培訓、安排配送。

平時練習最後的行動呼籲措辭時，要把這些詞都放進去。

在這些關鍵性的決策時刻，連很多業務自己都非常不自在，因為他們覺得自己在向客戶施壓或太咄咄逼人了。他們寧可讓自己不舒服，也不願看著客戶為了做決定而不舒服。但你必須要克服這種想法，因為這正是必須要發生的事。你的工作就是引導客戶到決策時刻。有些客戶做決定時很快，也很冷靜；有些客戶做決定時就像上面說的一樣糾結。但這兩種類型的客戶都需要得到你的產品和服務帶來的好處。

不管客戶怎麼做出購買決策，身為專業的業務，責任始終在於引導他們完成決策。過程對客戶來說越艱難，你為他們提供的服務就要越好。你是在幫他們尋找難題的解決方案，也在幫他們理順為什麼需要你的產品或服務。

因此，在決策氣氛越來越濃厚的時候，舒暢地深呼吸一下，保持愉悅的表情，然後保持沉默。讓沉默發揮應有的作用吧。

一旦客戶做了決定，原本糾結的他們會非常感謝你幫忙完成決策。身為正直且推銷優質產品和服務的人，你會成為他們在該產業中最信任的業務顧問之一。客戶越是難以決定購買，你卻能恰好滿足他們的需求時，他們的忠誠度也就越高。當你保持沉默讓客戶做決定時，要記住這一點。

有沒有發現，「說服客戶的循環」中的內循環過程，比做陳述、回答一大堆問題，等待客戶接下來的動作更有意思，而且帶給你的利潤還更大？這就是為什麼頂級業務覺得銷售有趣、好玩又有錢賺的原因。為了提高客戶說「好」的可能性，他們在整個銷售過程中都採取了必要的行動。

如果客戶還需要一點鼓勵

有時你解決了客戶的所有疑問和顧慮，提出請求希望客戶做出決定，然後也保持了沉默……客戶卻仍然沒有立即行動，你該怎麼辦？客戶沒要你走，卻也沒在你的銷售合約上簽字。接下來該怎麼做？

說服客戶的循環

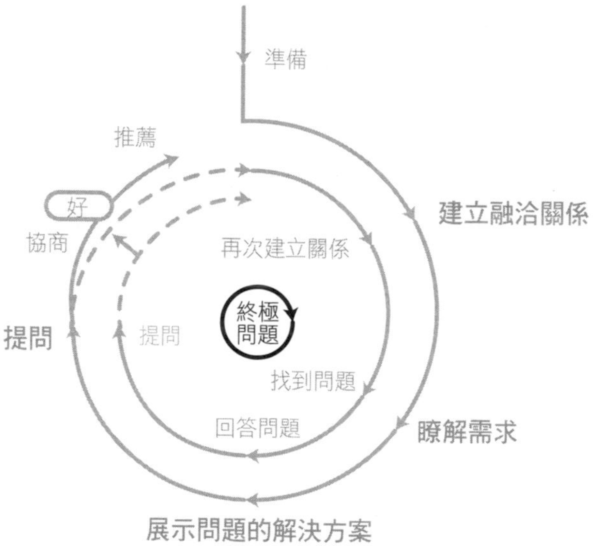

如果你覺得自己已經提供客戶所有做出明智決定所需的所有資訊，而且沒什麼需要再談的時候，就該提出終極問題。針對明知會從產品中獲益卻不肯承諾購買的客戶而言，終極問題可以讓你和他們不再毫無進展地兜圈子。

什麼樣的終極問題，可以讓按兵不動的客戶立即採取行動？可能是這樣的：「還需要什麼，才能讓您今天就邁出下一步？」或「我看您非常喜歡這個產品，我還能做些什麼，讓您今天就開始享受這個產品的種種好處呢？」用你自己的話來表達，但準備好後再問，不然你和客戶可能會圍繞著同一個主題無休止地說下去。

在終極問題中，最重要的一個詞就是「今天」。今天需要做些什麼才能讓客戶說「好」？是今天，而不是下周，也不是他們覺得更容易下決定的某個時間。

和提出其他收尾問題時一樣，問完終極問題之後要保持沉默。這時候誰先開口說話，這產品就是誰的。如果你先開口，產品很可能就會繼續留在你手裡（或留在你們公司倉庫裡）。但是，如果客戶先開口，他們要嘛購買你的產品，要嘛說出自己為什麼還沒準備購買。不管是哪一種，你仍然有希望把產品賣出去。

終極問題屬於開放式問題，需要客戶發揮他們的想像力，自己想明白為什麼需要對你說「好」。很多時候，客戶的答案會帶來意外的驚喜。

「我能以公司的信用卡支付。」

「如果我打個電話給老闆，她可能會同意。」

「如果能允許我在三十天內付清款項，今天就先付一半的訂金。」

「也許採購經理會批准。」

「如果你能開一月分的發票，我就能把這筆款項放進明年的預算裡。」

如果客戶不同意你提出的方法，或是他們又提出新的顧慮，那就再問一遍終極問題。終極問題的中心是：「你很喜歡產品的這些特性，而且想利用這些優點。那為什麼還不馬上採取行動呢？」但說的時候不要這麼直白。要仔細斟酌你的終極問題，用自己的話來揣摩，但一定要準備好再問。

你已經把時間和精力都投入到與客戶的會面當中，也為了讓客戶做出明智的選擇，問了所有必要的問題，進行了必要的陳述。現在你要透過開放式問題給客戶最後一個機會，讓他們以最快的速度想好如何在今天購買你的產品。準備終極問題時，要像準備銷售陳述時那樣投入大量精力，這樣客戶說「好」的次數就會更多。

至少終極問題會為你創造一個與客戶協商的機會。客戶還可能會以「如果……」式的問題來回答你的終極問題，比如：

「如果我不訂兩套，訂三套怎麼樣？單價能不能再便宜一點？」

「如果我們需要分期付款呢？」

假如客戶不是回答「我實在想不出有什麼辦法可以下訂單」，你就放心吧，銷售過程還不算結束。這只不過是迂迴了一下，進入協商過程，接下來的兩章會針對這一點進行詳述。

如果客戶的「不」真的就是不要

若是你用過所有方法，客戶仍然沒有承諾要買你的產品，這時該如何收場？這時候，要先確定做完以下這幾件事。要是仍然沒有效果，再走也不遲。

一、做簡明扼要的說明

• 客戶的願望／面臨的問題。

• 你們公司的解決方案。

• 客戶表示不採取行動（不買）的原因。

• 不採取行動的後果。

二、**最後再問一次終極問題**

此時你的目標應該是：比起知道客戶如何說「不」的那幾種方式，你要掌握更多引導客戶購買的方式。

「我們需要做些什麼，才能讓您今天就使用我們的解決方案呢？」客戶每隔一段時間就會覺得銷售過程要結束了，然後重新考慮要不要購買你們公司的產品與服務。有些時候，只要你再多問一次，就能讓客戶拿定主意。

三、**向客戶保證，即使他們今天不買，你也準備好隨時提供服務。**

你和客戶已經談到現在這個地步。在銷售拜訪期間，你比客戶的其他供應商瞭解到更多關於這位客戶的資訊。不要讓已經取得的成績功虧一簣，要讓客戶明白，如果將來有一天他們想解決自己面臨的難題，你一定會當他們的顧問，提供建議。

四、內心深處要明白自己已經盡了全力。

只要你完全按照「說服客戶的循環」採取了所有步驟，你一定會很滿意自己和客戶溝通過程中表現出的專業性。如果客戶無法當天做出購買決策，就安排下次和他們見面的時間。如果客戶不同意再見面，就請他們允許你稍後打電話聯繫。即使客戶的反應模稜兩可，現在也是讓他們對後續聯繫有所心理準備的最好時機。要留有餘地，也許他們將來會改變主意，或者他們所處的環境會發生變化。與此同時，你也要注意把時間花在那些現在就能購買產品的客戶身上。

在所有銷售情境中，你都要充滿信心：

- 如果客戶有疑問，就以產品資訊來解答他們的疑問。
- 如果客戶有誤解，就搞清楚他們為什麼誤解，然後澄清相關資訊。
- 如果客戶煩躁不安，就禮貌委婉地釐清客戶為什麼不安。
- 如果客戶質疑你們公司的誠信，就冷靜地用他們的措辭來反駁。
- 如果客戶猶豫不決，就創造條件，讓他們更容易採取下一步行動。
- 如果客戶在拖延，就向他們解釋一下推遲和觀望的壞處。
- 如果當下不知道該怎麼回答客戶的問題，就約個時間，再提供客戶最好的答覆。

有鑑於你目前正在學習如何說服客戶，所以必須要有信心，堅信自己很快就會拿到新訂單。賣不出去只是暫時的。實際上，儘管產品賣不出去，有時候你很可能會從中得到一些非常重要的經驗和教訓，而這些在以後的銷售生涯中可能會派上用場。

在後續兩個銷售情境中，將展示如何利用「說服客戶的循環」中，內循環的四個步驟。

重點整理

- 如果你想讓客戶做某件事，就必須清楚、直接地告訴他。
- 請客戶採取行動時，你的措辭要成為對客戶的正面心理暗示。
- 放棄前要提出終極問題，這一點無論何時都非常重要。
- 終極問題讓你有機會與客戶進行協商。
- 如果客戶無法當天就做出購買決策，就安排下次和他們見面的時間。

銷售實踐四 提出終極問題

情境A：商務場合的銷售拜訪

凱特做完銷售陳述，請史蒂文斯先生採取行動。他考慮了一會兒說：「目前正處於業務旺季，我不知道現在適不適合換供應商。目前的供應商確實靠不住，但價格還可以。」

凱特等史蒂文斯先生說完顧慮後表示：「很高興您提到這兩個重要的顧慮。您看我理解的對不對：您擔心業務旺季期間更換○○產品不好，對嗎？」她的措辭與史蒂文斯先生當前的感受很相符。

「對。我們其中一個團隊的成員，在接下來這幾個月都要忙一個長期項目；另一個團隊的成員由於客戶有意外需求，現在出差去了。」

凱特接著用自己的話，重述一遍史蒂文斯先生針對價格及現有設備委婉表達的顧慮：「您對我們公司和目前的供應商，在服務價值方面的差別有疑問，對嗎？」

「我可不是這個意思。」史蒂文斯先生笑著說。他想讓氣氛輕鬆一點，繼續顧左右而言他，不進入決策時刻。

凱特意識到他的幽默後笑了笑，然後繼續說：「迪恩，我等一下來回答您剛剛的那兩個疑慮。在您準備更新〇〇產品前，我們還需要解決其他問題嗎？」

「沒了。」

凱特聽到「沒了」並沒有覺得興奮，史蒂文斯先生現在還有兩個疑慮，所以她決定繼續說下去：「我們當然都覺得，最終的決定要有利於目前的業務，這一點很重要。而且，我們也都覺得資金是貴公司在投資時的重要考量因素。那麼，如果我能解決這兩點顧慮並讓您非常滿意，您今天能不能決定換掉目前正在使用卻靠不住的那些產品？」

「這個假設有點大。」他開玩笑地說，暗示很難解決這兩點顧慮。

「我明白。如果我能解決，您就可以進行下一步了，對嗎？」

史蒂文斯先生聳聳肩說：「當然。」

「那太好了。」凱特拿起她的平板電腦，開始講解公司的線上培訓方案，以及二十四小時全天候客服熱線。「正在外面出差的那個團隊，可以隨時隨地在網上得到我們的售後支持，這樣您是否就不那麼擔心自己的團隊在旺季無法迅速熟悉新產品了？」

史蒂文斯先生琢磨了一下凱特的話。「我們員工的獨立作業能力非常強，能很快解決工作中遇到的難題。所以，如果他們能瞭解到相關資訊，就能很快適應新產品與現有產品的差異。」

「您是不是也覺得，如果您的團隊有需要，我們公司能快速提供支援？」

「當然。」

史蒂文斯先生看似若無其事的認同，讓凱特更加確信他在這方面很信任她的公司。「當然，這就像房間裡的一頭大象。」凱特說道。正如凱特所願，史蒂文斯先生聽到後哈哈大笑。「我們剛剛談到敝公司產品和服務的品質。您真的覺得當地公司也能提供同樣優質的服務嗎？」

「呃，我很清楚貴公司的聲譽，但是……」史蒂文斯先生禮貌性地迴避著這個問題。

凱特提出這個問題，在於讓史蒂文斯先生對他目前的供應商產生疑慮，並不是想聽到多麼具體的回答。她能講出很多非常有價值的產品特性，但她想做的第一件事是激勵史蒂文斯先生選擇一家靠產品價值取勝的公司，放棄靠低價取勝的公司。「有些競爭對手的成本確實比較低，但我們在很多方面都能為您提供對方無法供給的價值。您的辦公室裡還有當時〇〇產品的合約嗎？」

「有。」他警戒地答道。

「您能再看一下那份合約嗎？」凱特很快補充道，「我不需要看，他們的〇〇產品合約，我每項條款都很熟。」

她確實所有條款都很熟。就在史蒂文斯先生讓助理拿目前供應商的合約過來時，凱特回憶起自己之前花了那麼多時間來看所有競爭對手的書面合約。她之前就發現這些低價公司為了節省成本，在合約中附加各種細則條款。實際上，在她車上的資料夾裡，就有一份這家公司的產品銷售合約。

史蒂文斯先生的助理把合約拿過來後，凱特繼續說道：「看一下第二頁。應該在倒數第三段或第四段的保險條款部分。您應該想看看裡面的內容吧。」

三十秒之後，史蒂文斯先生打破沉默：「什麼?!這怎麼能算附加險呢？如果他們的產品出問題，肯定會追究他們的責任啊。什麼樣的公司會指望自己造成問題之後不承擔責任啊？我們為什麼要簽……」他直接翻到最後一頁看了看簽約日期，然後變回正常音量。「哦，我想起來了。我們當時在加拿大市場正面臨丟掉一個大客戶的危險，所以當時簽約的時候，我正在國外呢。當時我讓業務經理負責這件事。後來回國之後，我可能也沒仔細看。」他把合約放在桌上。「呃，多虧知道了這個細節。你們公司的合約裡沒有這樣的條款吧？」

凱特直視著他的眼睛說：「我們認為，如果我們造成了什麼狀況就應該負責任。不過如果問題是由您這邊造成的，那您這邊就應該負責。」

史蒂文斯先生點點頭：「我也是這麼想的。」

凱特覺得自己這麼做的效果非常好。史蒂文斯先生瞭解到雙方的保險責任，所以她覺得現在該再進行一次收尾了：「您剛剛又瞭解到一些資訊，解決了您的兩個顧慮。那我們今天是不是可以進行下一步了？」

「可以。」

「太好了。」凱特笑著說，「我們先看看文件吧。」

史蒂文斯先生皺眉看著天花板說：「如果我不止買一套，能享受哪種折扣優惠？」

他提出的這個談判要求並不是凱特希望看到的，但她對此還是很歡迎，因為她知道這離對方最終說「好」又近了一步……

情境B：家庭場合的銷售拜訪

鮑伯正在利用文件收尾，讓派特和蓋瑞進入決策時刻。蓋瑞猶豫了一下，然後派特提出一個問題：「我不知道〇〇產品對我有什麼用，我不太瞭解這種東西。如果蓋瑞有其他事怎麼辦？」

決策時刻就這樣結束了，而鮑伯隨即轉到內循環過程的第一步：「非常高興您能提出這個問題。我本來想在陳述過程中更詳細解釋這個問題的。」

派特覺得承認自己不太瞭解〇〇產品，有些不好意思。但是當鮑伯說她提出的這個問題非常重要時，派特明顯放鬆了下來。

為了確保自己沒有理解錯，鮑伯接著重述一遍派特的問題。

「您剛剛是問，如果蓋瑞有其他事，您該如何從〇〇產品中受益，是嗎？」

「是。」派特回答。

「在回答您這個問題之前，我想請問，在您決定購買○○產品前，還有其他顧慮或問題需要解決嗎？」

派特似乎沒有別的問題了。鮑伯看著蓋瑞，等著看他怎麼回答。蓋瑞在椅子上稍微挪動了一下說：「我不知道現在的時機對不對。」

為了確認自己理解得沒錯，鮑伯重述了一遍蓋瑞的話：「您是不確定現在買好，還是以後買好，對嗎？」

「我覺得是。」

「時機是個非常重要的考慮因素，我們來具體討論一下。兩位在進行下一步前，還有其他問題或顧慮需要解決嗎？」

派特和蓋瑞聳了聳肩表示沒有。

「好的。」鮑伯繼續說道，「所以說，如果我既解決了派特針對如何使用這個產品的疑惑，又解決了蓋瑞那個採取行動最佳時機的問題，兩位是不是今天就可以採取下一步行動？」

「可能吧。」派特輕聲回覆，蓋瑞沒有說話。

鮑伯一眼就看出蓋瑞還在猶豫，於是又問了一遍，想得到肯定回答。「蓋瑞？」

「我不知道……」蓋瑞仍舊搖著頭輕聲說，「別誤會，我喜歡你的產品。只是……」

「只是什麼，親愛的？」派特問。

「呃，是因為戴安娜今年夏天的行程。而且，直到三月開始我的工作才會多起來。」

「我們女兒今年夏天會參加她們大學組織的一個國際交流專案，要去歐洲。」派特解釋道，「她們想在這個月底付清所有費用。」

「夏天去歐洲，聽著就很棒。」鮑伯用了一個聽覺類詞彙。

「價格聽起來也很棒。」蓋瑞回應，「六千六百美元，再加上來回機票，都得在這個月付清。」

「很高興您能告訴我這個原因。」鮑伯確實非常高興，因為他終於知道蓋瑞為什麼猶豫了。「所以，戴安娜參加這個項目所需的費用這個月就要付清。您是在擔心現金流問題，對吧？」

蓋瑞點了點頭。

「我非常認同您規畫現金流這件事。這是您唯一的顧慮嗎？還是仍然需要解決一些別的問題，您才會進行下一步？」

蓋瑞看著派特說：「我覺得這就是唯一的顧慮了。對我們來說，淡季收入不足的時候，必須要謹慎一些。」

「太好了。那麼，如果我能妥善解決您在淡季現金流方面的顧慮，您今天會進行下一步嗎？」

蓋瑞點了點頭，但鮑伯認為他的這個反應，表示他還沒有完全決定要買。鮑伯對蓋瑞的反應並不滿意，於是決定緊逼一步，想讓他做出口頭回應。如果蓋瑞不承認這是阻礙他立即採取行動的唯一顧慮，即使解決現金流的顧慮，也無法進入下一個收尾時刻。鮑伯笑了笑，馬上就要利用自己在銷售陳述過程中與對方建立的融洽關係來打關係牌了。「蓋瑞，」他用一種理解對方的聲音開口，「除了現金流，我們還需要解決別的顧慮嗎？」

「沒了。」蓋瑞說，這次語氣更加堅決。

「我明白了，現金流對兩位來說都是一個非常重要的顧慮。」鮑伯說，並在這句話裡刻意提到派特，就是為了不把注意力都放在蓋瑞身上。「那如果我妥善解決兩位在現金流方面的顧慮，兩位今天會進行下一步嗎？」

鮑伯仍然保持著愉快的表情，並繼續搭配蓋瑞的坐姿。決策時，空氣裡都是焦慮的味道，而且從蓋瑞臉上就能明顯看出來。派特再一次把目光投向蓋瑞。

「會。」蓋瑞簡明扼要地說。

「我有幾個辦法，兩位可能會覺得不錯。」鮑伯的聲音反映出他激動的心情。他從廚房桌上拿起「○○房地產公司」的宣傳手冊，與此同時，本來放在下面的書面合約又一次完全露了出來。鮑伯打開手冊，翻到展示「〇〇房地產公司」服務中心的那一頁，上頭表示訓練有素的工作人員在客戶使用產品的每個步驟，都會提供指導。鮑伯打開手機喇叭，撥通了服務中心的電話。一位女性客服接起電話，聲音很友好。鮑伯讓派特和客服溝通。服務中心的專業人員花了一分鐘，簡單介紹了一下服務中心如何幫助客戶快速掌握產品的使用方法。然後鮑伯掛掉電話。派特帶著明媚的笑容熱情地說：「服務太好了，謝謝你！」

鮑伯看到自己解決了派特的顧慮，覺得很滿意，然後把頭轉向蓋瑞。他用幾分鐘的時間詳細介紹公司的款項支付方案。蓋瑞反對鮑伯提出的貸款建議後，鮑伯又提出另外一個選擇：現在先付三分之一的訂金，三月分收到產品後再付三分之一，收到產品三十天後支付尾款。蓋瑞似乎可以接受這個選擇。於是鮑伯認為再次收尾的時間到了：「這個方案解決了您在工作旺季之前的現金流問題嗎？」

「這個辦法確實緩解了這個問題。」蓋瑞說，同時看了一眼派特。

「那我們現在談的就是第一期的三分之一資金了。」鮑伯一邊總結目前的情況，一邊拿起桌上的書面合約。他翻到最後一頁，在「條款」部分的空白方框裡寫下「先付三分之一訂金，收到產品後再付三分之一，收到產品三十天後支付剩下的三分之一。」

鮑伯的眼角餘光可以看到蓋瑞和派特正在默默地用眼神交流。他盯著合約又看了幾秒，為的是讓他們有更多時間可以交流。抬起頭來後，鮑伯就進入收尾階段的最後一個環節。

「如果兩位沒問題的話，我們把剩下的資訊都寫上去吧。」

三人就這樣安靜了幾秒。鮑伯很放鬆，也沒打算在他們倆說話前先開口。派特開始坐立不安了，而蓋瑞還是穩穩坐著沒動，看著合約上寫的每次付款日期。最後，蓋瑞搖搖頭：「付款日期太近了。每次付款日能不能留六十天？三十天太短了。」

鮑伯在心裡笑出了聲，因為蓋瑞提出的要求，讓他們離決策時刻又近了一步……

15 準備回應客戶的談判要求

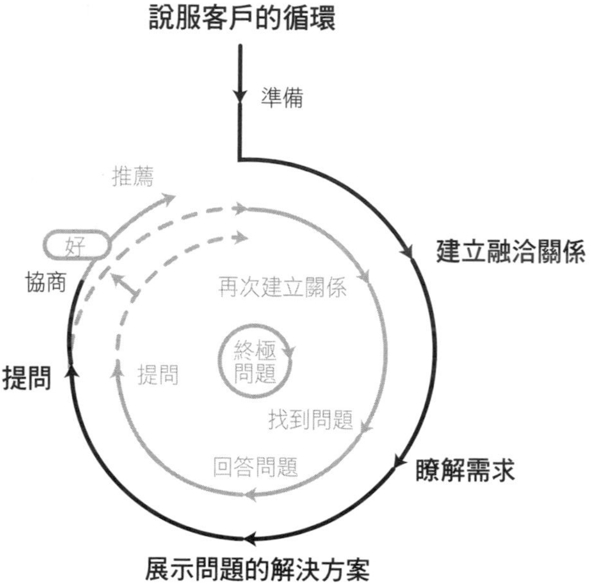

談判在銷售中是非常重要的內容，卻經常遭到忽視。因此，業務有時沒意識到自己已經和客戶進入談判的階段。客戶明明提出協商要求，業務卻仍然想著該如何解決客戶的顧慮——錯把談判要求誤認為顧慮。

儘管很多時候，這兩者聽起來差不多，卻有著極大的差異。

如果客戶提出異議或顧慮，實際上是要說：如果你不妥善解決他們的擔憂之處，就不會和你進行業務往來；如果客戶**提出談判要求，實際上是表達：他們想和你進行業務往來，但需要改一改條件。**

多數情況下，客戶提出的談判要求都與價格、價值或時間有關，比如：

- 他們想用更低的價格購買你的產品或服務。
- 他們想以你提出的價格獲得更多價值。
- 他們對時間有要求。像是：第二天就交貨、在某個日期前完工、在幾小時內完工，或者分期付款。

在會面的任何階段，客戶都有可能提出談判要求，更經常在你最意想不到的時候提出來。比如你們本來正在談某件事，客戶就會突然針對完全不相干的另一件事提出談判要求。

客戶：「能免費送我樣品嗎？」
業務：「您是說我現在給您看的這個兩千五百美元的樣品？」
客戶：「對。這是用過的，對吧？」

實際上，客戶還會問：

「能免費再送我一個月的線上支援服務嗎？」
「能免費幫我延長一年的保固期嗎？」
「能不能現在先付一半訂金，收到貨之後再付剩下的那一半？」

其實上面這些都省略了前半句——「如果我買的話……」如果把它加上去，再考慮上面這些話會對你產生什麼影響。

「如果我買的話，能免費再送我一個月的線上支援服務嗎？」

「如果我買你的產品，能免費幫我延長一年的保固期嗎？」

「如果我能籌出資金買你的產品，能不能現在先付一半訂金，收到貨之後再付剩下的那一半？」

在銷售陳述的過程中，要始終想著「如果我買的話……」這句話。要是這句話放在客戶提出的問題前面非常契合，就表示他們提出了談判要求。

現在，比較一下上面那些談判要求與下面這些客戶顧慮的不同：「這個成本太高了。」「我得想想。」「我們對目前的供應商很滿意。」

客戶的這些想法意味著，他們還沒有針對你們產品的價值高低、是否進行投資、是否需要立即採取行動等事項與你達成一致。這與客戶詢問銷售條件大不相同。因此，談判的第一步就是識別客戶何時提出談判要求。

談判要求是客戶提出的收尾問題！

有時候，客戶的談判要求就相當於直接收尾：

「能附贈一套產品嗎？」

「價格能降一成嗎？」

有時候，客戶的談判要求就相當於試探性收尾：

「如果我今天買的話，能附贈一套產品嗎？」

「如果我一次買好幾套，價格能降一成嗎？」

如前所述，客戶經常會省略開頭的那半句話——「如果我買的話……」。必須要仔細聽，抓住他們釋放的微妙信號。客戶正嘗試著成交這筆生意呢！沒錯，你們必須在麻煩的銷售條件上讓意見達到一致才行。但比起費盡力氣，讓皺著眉頭嫌產品太貴的客戶動心，這難道不是更讓人愉快、更有利可圖嗎？有些業務非常厭惡客戶提出談判要求，尤其是在積極回應，並且似乎馬上就能成交的時候提出來。然後，他們提出的要求更多了：

「能給我九折的數量折扣嗎？」

「能多送我一套產品嗎？」

「能在上午七點前交貨嗎？」

不要怕！談判要求實際上就是很好的購買信號！客戶提出來，就表示他們正在考慮購買的可能性，並爭取滿意的條件。你已經成功讓客戶擺脫猶豫不決的狀態，儘管還得做些工作才能拿下訂單，但現在形勢已經大大好轉到對你有利的地步了。

事先做好準備的四個步驟

為談判做準備是指：每次與客戶見面時，隨時準備處理對方可能請求更改的銷售條件。你無從知曉需要更改哪些條件，也無法確定什麼時候出現這種談判要求。不過，只要能確定以下四個問題，就能做好充足的準備。

第十五、十六章並不是要詳盡無遺地列出談判策略，也不是要描述大多數業務員從未遇過的複雜談判情境。相反地，這兩章要解釋所有銷售談判中的基本要素。

一、明白你的起點是什麼

想讓客戶提出談判請求，那你能為客戶提供的最划算的方案、最好的產品特性是什麼？如果產品價格由你們公司決定，事情就簡單了。但是，如果你在為產品定價時有一定的彈性，就能選擇為客戶提供多少淨利率及哪種產品特性。

確定談判起點的因素包括以下幾個：

- **公司需要多少利潤才能維持長期營運？**

大多數公司對利潤和銷售額的要求都有一個底線。如果價格降得夠低，同時又為客戶多提供了一些產品／服務，基本上你就能賣出任何產品和服務。但很遺憾的是，有些業務只能透過大量讓步才能賣出產品或服務。這種銷售方式就相當於殺雞取卵。如果價格降得太多，無法讓公司獲得維持長期營運所需的利潤，你的銷售額最終會被視為公司累贅，甚至最後丟掉工作。為了你的荷包著想，還是磨練一下你的銷售技能吧。

・對你個人來說，銷售額多少才能完成任務，拿到獎金？

除了讓客戶和公司實現雙贏，你還有責任得到足夠的收入來照顧自己和家人。永遠都要清楚自己離完成任務、拿到獎金還有多遠。有時候，再多拿幾張訂單就能為你帶來多一點的收入，而這需要你先改善自己的談判技巧。

・盡你所能判斷客戶是不是總愛討價還價

有些客戶覺得討價還價是自己的責任，就是為了花錢買產品或服務時感覺好一點。第一次和客戶有生意往來時，可能很難判斷他們是否喜歡這樣做。舉例來說，你算好能降價多少，也決定為客戶提供多少額外的價值。你興沖沖地找到客戶：「看看我替您爭取到什麼！」

客戶：「這就是你們的最低價？」

你氣喘吁吁地說：「您可能還不明白，我為大家都省下很多時間，直接把價格降到最低。這個價格比我們公司的底價還要低一成呢！」

客戶：「那好。如果我付現金的話，價格能再降五%嗎？」

你深呼吸後說：「這已經是最低價了。在此之前，我已經提前替您爭取了很久，最後才訂下這個價格。如果您直接找我們公司或其他銷售代表，絕對拿不到這個價格。這筆投資太划算了。」

客戶點點頭：「等價格能多降一些再打電話給我吧。同時呢，我會看看其他公司……」

這種情況只要發生過一次，你就會意識到，有些客戶只有跟你談過價錢之後，才會立即採取行動購買你的產品。對這些人來說，討價還價就是購買過程中的一個環節。

因此，不要一開始就說出底價。但是，要確保你提供給客戶的價格是合理的，因為他們總有辦法知道你一開始提出的價格是不是虛報。一開始就要給客戶一個不錯的價格，但要為自己留下討價還價的空間。

討價還價可能會讓部分業務反感。他們不想把時間浪費在這上頭，而是希望客戶直截了當地提出自己能接受的最低價，為雙方節省時間。如果你也有類似的感覺，就面臨以下兩個選擇：

- 認可並接受客戶的出發點：有些客戶想討價還價，這就是他們購買過程中的一個環節而已。如果你參與了他們購買過程中的這個階段，就是在幫客戶滿足需求。

• 不討價還價：一開始就向客戶表明自己的底線。「這是最低價了。如果您覺得沒問題，那就成交。」這也是討價還價的一種形式。但是沒關係，你這麼說，實際上就是告訴客戶，你根本不在乎為了讓他感覺好一些而進行討價還價。在這個銷售過程中，你寧願不和這位客戶有生意往來，也要堅持自己的原則。

二、明白你的底線是什麼

為了拿到這張訂單，你願意在價格和產品／服務價值上做出多大的讓步？如果你明白自己的底線，內心就會異常平靜；如果你明白自己最多能讓步到什麼程度，就不會擔心自己讓得過多。透過這種方式，可以不用擔心現在拿到的訂單會讓你後悔，也不用擔心事後主管會怪你造成公司的損失。基於這個考量點，你可以告訴客戶，超出某個限度之後，你也愛莫能助。如此一來，你在客戶眼中仍然會是非常友好的專家和顧問，並覺得公司的「管理階層」在訂價問題上過於嚴格了。

一般來說，更好的做法是去找願意出更高價的客戶。還記得第九章提到的，將產品或服務的價值作為賣點，而不是主打低價嗎？如果你明明可以找到自己認可的產品，並且願意為產品價值買單的客戶，為什麼非得糾結在一張既不賺錢又可能帶給你麻煩的訂單呢？

要確保每次交易都有足夠資金。你可能會驚喜地發現，如果你的目標很明確，通常目標就會實現。也就是：如果你談的專案總金額高達幾十萬美元，而你希望客戶先付一半訂金，他們通常都會付；如果你希望客戶立即採取行動，他們通常就會在你們見面時做出決定。

三、明白哪些方面可以談判

很多業務不和客戶談判，因為他們不知道自己哪些方面可以讓步。如果你們公司在產品價格、風格、尺寸或顏色方面都有比較嚴格的規定，就可以斷定你並沒有多少空間和客戶談判。但實際情況是，大多數業務都是有談判空間的。

現在，讓我們列出哪些方面可以談判，先從簡單的方面開始。

如果你推銷的是某種產品，一共有哪些型號、尺寸、顏色和其他特性可選？哪些是客戶最想要的？哪些是你們公司最難做到的？有困難的原因是生產過程太複雜，還是原材料太稀缺？如果你推銷的是某種服務，一共分為哪些層級？

接下來，列出你可以從哪些方面出發，為客戶提供解決方案：

- 公司有沒有價格更低的促銷活動或月底特價活動？
- 公司的定價比競爭對手低嗎？
- 你或經理是否有權調整價格？
- 如果客戶以現金支付，能不能打折？

- 如果客戶透過內部信貸計畫或信用卡支付，會影響價格嗎？交貨如何影響款項？
- 公司產品是不是很快就會漲價？
- 如果客戶有以下行為，會直接影響你們公司的定價嗎：要求緊急交貨、延期交貨、購買多種產品或服務、不等到下周而是今天就買、付部分訂金並要求你們代為保留預訂的產品、分期付款。

你一定希望非常熟悉公司為客戶提供的所有方案，因為客戶希望協商的，往往是產品保固期或客服方案：

- 你能調整客戶獲得的保固期限嗎？
- 你能調整客戶售後服務的時間嗎？
- 客戶服務是否分為不同等級？比如專人會面服務、電話聯繫服務或線上服務。

一定要事先準備，才能避免讓你與客戶談判時顯得不知所措。如果客戶提出了談判請求，而且不滿意你的回應，你肯定希望能再為他們提供更多選擇。你為客戶提供的選擇越多，就越容易與客戶達成一致，實現雙贏。

下面列出一些在銷售過程中可以談判的要點和交換條件：

- 如果客戶當天就決定購買，可以按照客戶要求的時間交貨。
- 如果客戶能增加頭期款的金額，可以在客戶的業務旺季開始前完成各項工作。
- 如果客戶選擇了豪華型產品，可以延長產品保固期。
- 如果客戶購買多種產品，可以提供更高級別的客戶支援服務。
- 如果客戶當天就購買，可以提供免費運送服務。
- 如果客戶當天就付款，可以確定產品交貨日期。
- 如果客戶在月底前購買，可以打折。
- 如果客戶當天簽約並支付訂金，可以在產品漲價後仍然以原價購買。
- 如果客戶當天付清，可以打九折。
- 如果客戶當天下單，可以保證拿到最受市場歡迎的產品型號。
- 如果客戶當天簽約，可以提供產品免費升級服務。
- 如果客戶簽了一年期服務合約，可以額外贈送一個月的服務。

現在輪到你了，你有哪些交換條件？

列張清單的優點就在於，你永遠不知道清單上列的要點何時能派上用場。好消息是，你會發現在這張長長的清單上，有兩、三個交換條件對公司和你個人來說是最重要的。

舉例來說，如果你推銷的是高價商品，而且大多數客戶需要幾個月才能付清款項。對你的公司來說，最有利的談判條件就是同意客戶按月分期付款，但頭期款要多一些。透過增加客戶頭期款的金額，就能減少公司的應收帳款、減輕資金周轉壓力。對公司來說，這筆流動資金的價值，可能足以讓你同意客戶提出的分期付款請求。如果能意識到這一點，面對客戶提出的討價還價請求，你都能要求他們提高首筆付款的金額。

在下面這三種情境中，你可以透過要求客戶提高頭期款，來幫助他們更容易做出決定。

客戶：「我們的旺季從六月一日就開始了，在此之前能完工嗎？」

業務：「要想在六月一日前完工，我們得調回外地的一個團隊。如果您能先付七五％的款項，我們經理會非常樂意承擔因調動團隊而產生的額外成本。」

客戶：「選材料的時候，可以不用標準型產品的材料，改用豪華型的嗎？」

業務：「由於我們得直接負擔供應商材料成本，所以您要付清全額作為訂金。」

客戶：「同樣的工作量，另一家廠商給我的報價低了一五％。你們在價格上還有什麼調整的空間嗎？」

業務：「如果您能先付七五％作為訂金，我們經理就能有一些空間再降價。」

每個銷售情境的具體情況都不一樣，但同樣的交換條件作用是一樣的，都可以讓你拿到訂單，與客戶實現雙贏。

在很多銷售情境中既常用又有效的交換條件是：請客戶立即採取行動。在以下這兩種情境中，你可以利用這個交換條件拿到訂單，實現雙贏。

客戶：「能免費延長一年保固期嗎？」

業務：「如果您今天就能下單，我問看看經理能不能同意延長保固期。」

客戶：「能在元旦那天交貨嗎？」

業務：「這得特別安排，如果您今天就簽約，我就有時間說服主管同意。」

因此，要列出一張交換條件清單，因為說不定上頭的哪個條件能讓你順利拿到訂單。另外，在列出的所有條件時，留意兩、三個你最常用的。

四、明白什麼時候該離開

有些情況下，是不再需要和客戶談判的。你可能已經妥協到接近自己的底線，也試過所有方案，但客戶就是不讓步。

從公司的角度來說，必須要考慮機會成本。很多公司在特定階段只具備一定的能力，不是集中精力在生產、品管上，就是用在服務上。如果把所有寶貴資源都壓在一張賺不了太多錢的訂單上，會讓公司錯失將來可能出現的利潤機會。

從個人角度來說，你也需要決定什麼時候從毫無意義的銷售情境中脫身。隨著你對自己的銷售能力越來越有信心、對公司越來越瞭解，你就能更容易辨別出哪些類型的訂單是可以接受的。也許你現在正處於個人銷售生涯或經濟狀況的低谷，什麼樣的訂單都想拿到手。但是你要明白，迫不得已去爭取的、不賠不賺的訂單，都無法讓你在銷售生涯中有錢可賺。更糟糕的是，這種訂單可能會誘使你犧牲自己的職業道德。

如果你十分清楚哪種訂單對公司或你個人有利，客戶就會回應你表現出的這種確定性。如果客戶問你價格能不能再降一成，而你在語言和非語言上的回答都是絕對的「不能」，他們就會知道在這一點沒有任何談判空間。

決定是否和客戶談判還需要考慮另外一個因素：你想不想在拿到這張訂單後，和難纏的客戶繼續打交道。如果這張訂單的利潤極高，就收下這筆錢，然後逆來順受；如果這張訂單不賠不賺，就考慮一下你是否想在接下來的幾天、幾周或幾個月裡，和這位難纏的客戶糾纏不清。要求最苛刻的人——那些拚命砍到最低價的人——通常都是最不認可產品的客戶。希望這種客戶在你的銷售生涯中只占少數，但你要知道：有壓迫就有反抗，客戶越逼你同意他們的談判要求，你就越需要堅持自己的立場。所以，要事先做好準備，自信、堅定地告訴客戶你的底線是什麼。

事先做好準備的優勢

一、**避免給出無法實現的承諾**。如果銷售會面的節奏很快，你可能過於關心如何拿下訂單，向客戶承諾了很多不合理或沒有必要的事情。如果你事先清楚地確定自己的底線，面對客戶提出的談判請求時，可能會做出不同的回應。

二、**準確判斷形勢**。事先做好準備，讓你有機會考慮什麼對客戶來說是真正重要的，還讓你有機會想出幾個辦法，同時滿足客戶的需求，又有利於你自己和公司。

三、**更仔細地傾聽客戶**。如果事先做好準備，你就不用一邊聽客戶說話，一邊琢磨哪些問題可以讓步、哪些不可以讓步了。如果你在聽客戶說話時心事重重，就很難注意到客戶透露給你的細節；如果你遺漏了這些線索，就等於丟掉了訂單。

很多業務因為沒有事先做好準備或準備不充分，在現場與客戶談判時都是在等待和觀望。客戶提出談判請求後，觀望型的業務就急忙地亮出自己的底牌，然後等著看客戶接下來提出什麼問題或談判請求。在談判過程中，觀望就等於被動。但是，從這種業務手裡買東西非常划算。你要什麼，他們就給什麼！

客戶：「價格可以便宜一點嗎？」

觀望型業務：「當然可以。您看打九五折行不行？」

客戶：「好。可以免運費嗎？」

觀望型業務：「沒問題，包在我身上。」

客戶：「太好了。保固期能免費延長一年嗎？」

觀望型業務：「呃，按照公司的規定，我只能替您免費延長半年。」

客戶：「那也行。我能不能先付一半訂金，以後再付另一半？」

觀望型業務（聳聳肩）：「好的。」

客戶：「價格最低能降到多少？」

如果你是客戶，這個銷售情境太棒了；如果你是業務，這就不太妙了。如果你事先為談判做了準備，即使只是在銷售會面開始前花幾分鐘做了一點準備，也可以產生一些積極的效果：

- 你能更迅速地識別客戶提出的談判請求。
- 你能更清楚客戶會在哪些情況下提出談判請求。
- 你能準備好請求客戶也做出一些讓步做為回報。
- 你能更自信地向客戶爭取你想要的東西，無法再讓步時也能明確地告訴客戶。

客戶越是擅長談判，他們就會越尊重你在談判中流露的自信。事先準備能讓你在談判過程中信心十足。

重點整理

- 客戶提出談判請求，就表示想跟你做生意，但還需要協商具體條件。
- 事先為談判做好準備能讓你充滿信心，還能贏得客戶的尊重。
- 提前把可以談判的問題列成一張清單，能讓你與客戶交流時，集中注意力在有助於拿到訂單的重要細節線索。
- 所有可以談判的問題中，有兩、三個可能是你最常用到的。
- 談判時，不要一開始就把你真實的最低價告訴客戶。
- 如果你明白自己的底線是什麼，以及什麼時候該離開（即不再與客戶談判），就能充滿信心地設定底線。

16 如何與客戶談判

現在好戲才真正開始。客戶提出談判請求之後，形勢就變得對你有利了。為什麼呢？因為他們已經克服了猶豫不決這個障礙，正在主動「試探」要不要購買你的產品——當然，還要商量具體條件。因此，你必須隨時準備利用自己所有的銷售技能與客戶達成一致。記住，你之所以保有優勢，是因為面對談判，你比客戶準備得更充分。

談判中的第一大錯誤

你覺得業務在與客戶談判時最常犯的錯誤是什麼？是太快降價！因為他們覺得客戶之所以還沒有下單，是因為價格太高了，如果降點價，客戶就會買單。

降價總是最容易的做法。採用這種方法可能會讓你拿到幾張訂單，但未必會為公司帶來最好的機遇，你也無法靠降價拿到大部分的訂單。注意！不要養成這個習慣。因為從長期看來，這個習慣會對你的職業生涯和收入帶來負面影響。

你該如何避免這個在談判中最常犯的錯誤？這跟解決客戶顧慮的過程中，如何避免當時最常犯的錯誤是一樣的。如何處理客戶提出的談判請求就像下棋。對方首次提出請求後，你一開始的反應就決定後面的行動能不能成功。接下來，將逐步分析一遍談判的過程。

一、保持放鬆

現在離拿到訂單只有一步之遙。你已經做了銷售陳述，也提出請求讓客戶採取行動。客戶也提出一些顧慮，但這些想法都是正面的，透露出購買的信號。現在你覺得馬上就能拿到訂單了，然後客戶說：

「能客製產品嗎？」

（啊！你們公司不提供客製服務。）

「本周的會議就要使用這個產品，能在兩天內到貨嗎？」

（啊！即使是緊急訂單，產品組裝和運送也需要五天。）

「價格能不能再降一五％，降到和你們競爭對手的出價差不多？」

（啊！競爭對手沒有加入工會，也不像連鎖企業那樣有間接成本。）

如果你知道自己無法滿足客戶提出的談判請求，也要保持放鬆狀態。呼吸，而且要深呼吸。要像你在讀這本書時一樣放鬆。客戶提出談判請求後，你就該保持這麼放鬆的狀態。

為什麼這一點很重要？在銷售拜訪剛開始的時候，你已經透過語言和非語言方式和客戶建立起融洽的關係，開始適應和模仿對方的行為。在你進行銷售陳述的過程中，模仿對方的行為對你有利。你坐下來開始陳述，客戶也跟著坐了下來；你身體前傾展示產品，客戶也模仿你，前傾看你展示。

但是，如果客戶提出一個顧慮或談判請求後你就緊張了，客戶就會受到你的影響也緊張起來。如何才能避免雙方模仿對方的不當行為呢？你要做好準備迎接客戶提出的談判請求，並且保持放鬆。記住，他們提出請求就意味著銷售過程還沒有結束——客戶還沒有用「不」來拒絕你。

二、明確客戶提出的談判請求

當客戶提出談判請求後，業務常常會回應這個具體請求，而不是挖掘它背後蘊含的需求。這些業務只是頭痛醫頭、腳痛醫腳，治標不治本。如果你能意識到這個談判請求背後的需求，也許就能透過更有利於公司和客戶的方法來滿足客戶的需求。

身為專業的業務，你的責任就是確保自己明白客戶提出的談判請求，進而利用知識和經驗提供最佳解決方案。因此，在回應客戶的談判請求前，要請他們釐清以下幾個問題：

客戶：「如果買了貴公司的產品，能不能為我們免費多提供一個月的現場培訓？」

業務：「我們當然想為您提供所需的培訓。您為何覺得需要延長培訓時間呢？」

客戶：「我不知道一個月的培訓，夠不夠讓我的員工學會使用這個新系統。」
業務：「所以您要保證員工們在培訓後，能獲得充分的技術支援，對吧？」
客戶：「對。」
業務：「好。如果我們第二個月能提供您無條件的免費電話服務，您覺得如何？這一個月內，我們可以指導您的員工解決使用新系統過程中可能出現的任何小問題。這樣是否能為您的員工提供他們需要的額外支援服務，並讓您放心地進行下一步？」

如果能發現隱藏在客戶談判請求中的目的，也許你就能用更低的成本滿足需求。

三、要求客戶也做出相應的讓步

無論何時，如果客戶要求你讓步，一定也要請他們讓步。

為什麼這很重要？第一，你對客戶提出請求，反映他們提出的讓步具有多大的價值。如果客戶要求你讓步，你就答應了，那他們怎麼知道自己的要求，對你來說有多重要？

如果你不要求客戶也讓步就直接降價，他們會不會覺得你浮報價格？如果你不要求客戶也做出一定的讓步就提供免運，他們會不會覺得你一開始的報價就是免運費的價格？

一旦你要求客戶也做出相應的讓步（立即購買、提高頭期款比例、購買價格更高的產品型號），就是告訴他們，你的讓步會讓他們的妥協得到回報。

第二，如果你要求客戶也做出讓步，往往會使他們不再對你提出那麼多談判請求。他們思考的問題也會從「想從你這裡得到什麼」變成「他們能給你什麼」。如果客戶必須放棄一些東西，才能讓你答應他們的談判請求，當要提出額外的要求之前，往往會三思而行。如此一來，你相當於傳遞給客戶一條非常重要的資訊：談判並不是單向的，他們不能一直予取予求，也不能一直要求你讓步，自己卻什麼都不付出。傳遞這個資訊是有非常強大作用的！

想像一下，如果業務能像下面這樣回應客戶提出的談判請求，對話會是什麼樣子？（為了便於對比，回應中會先列出前一章觀望型業務對客戶的回答）

客戶：「價格可以再便宜一點嗎？」

業務：「當然可以。您看打九五折行不行？／如果您的頭期款增加一點，也許可以打九五折。您願意增加到多少？」

客戶：「可以免運費嗎？」

業務：「沒問題，包在我身上。／如果可以免運費，您願意今天就下訂單嗎？」

客戶：「保固期能免費延長一年嗎？」

業務：「呃，按照公司的規定，我只能替您免費延長半年。／如果您今天就買，我們也許能把保固期每年的收費標準降低一些。」

客戶：「我能不能先付一半訂金，以後再付另一半？」

業務：「好的。／一般來說不可以。但是，如果您今天就簽約，我們可以接受分期付款，餘款的手續費只收取二％。」

客戶：「價格最低能降到多少？」

業務：「（說出真正的最低價）／您計畫今天就下訂單嗎？」

客戶：「沒有。」

業務：「那我們再聊聊您準備什麼時候採取行動（購買）。」

你有沒有發現，業務每次的回答是如何阻止客戶再要求讓步的？想讓業務答應請求，客戶必須要投入額外的資金、今天就採取行動、付費延長保固期，並且付二%的手續費！天底下沒有白吃的午餐！

隨時都要求客戶也讓步的第三個原因是：誰提問，誰就掌控對話。你仍然得回應客戶提出的談判請求，但是不由他們決定你的回應，而是由你定奪，因為你要引導對話的方向。

隨時要求客戶也做出讓步是個好習慣。不妨列出對你和公司最有價值的交換條件，當客戶請求你讓步時，這些交換條件就是你的標準回答。你一定會驚喜地發現，很多時候客戶都能答應你反過來向他們提出的條件。

四、提供客戶額外的價值，但不要降價

上一步說的是要養成的習慣，這一步說的是要遵守的原則。同意客戶提出的降價請求通常是下下策，非到萬不得已不要這麼做。但是向客戶提供額外的價值，為何比降價更好呢？

第一，如果客戶批量買進（即批發），一般公司都可以提供客戶額外的價值。而在客戶心中，這些額外價值是按照零售價格計算的。舉例來說，你可以降價一〇％，也可以贈送相當於總價值一〇％的產品。對你們公司來說，這些產品的實際成本可能只有總價值的五％。

第二，這不會破壞你們公司的定價結構。也就是說，以後賣東西給這客戶或是他們推薦來的其他客戶時，價格不會受這次銷售的影響。如果你給客戶最低價，一旦他們再介紹其他客戶給你時，你可能必須都提供這個最低價。或許可以拿原物料成本上漲為理由提高報價，但還是彌補不了你當時為了拿到第一張訂單而替客戶打的九折或九五折。

在這個例子中，如果你當時以附加服務的形式多為客戶提供一〇％或一五％的價值，他們再介紹其他客戶來的時候，你就具備了以下兩大優勢：

・與價格相比，附加服務更難以解釋

價格很容易進行比較。你的客戶跟另一組客戶說：「嗨，我從〇〇公司買了一款產品，談到單價五十美元了。你和他們公司的工作人員聊聊，看看能不能也拿到這個價格。」客戶拿到優惠價可以拿來炫耀，顯示自己在談判中占了上風。

但特定的服務或產品特性，對每個客戶都有不同的價值。你的客戶可能會說：「我需要延長兩個月的線上支援服務，讓我的團隊順利挺過旺季。」他們介紹的其他客戶可能不會有相同的需求，卻可能一樣要求你免費延長幾個月的線上售後服務。如此一來，你就有了協商的空間，能透過其他籌碼來滿足客戶提出的要求。

・有助於你拿到更多獎金

由於你為公司賺進的收入沒有減少，因此可能有助於你拿到更多獎金。你的工作職責之一，就是了解公司每一件產品的價格結構，知道每個產品／服務特性值多少錢、是否真正適合客戶，知道這些可能也會為你賺進很多錢。

五、降價是最後不得已的選擇

現在離談判結束已經不遠了。你已經利用之前列出的交換條件和客戶討價還價，並堅持不降價，盡力為客戶提供更多價值，透過這種方式與客戶實現雙贏。客戶也聽你提出幾次方案和報價，卻還沒同意買你的產品／服務。

在降價之前，要先得到客戶的保證：一旦你降了價，客戶就立即購買你的產品。注意這裡的用詞：「一旦」——這是個條件句。你並沒有同意降價，也沒有說可能會降價。這是一個試探性收尾問題，只是看看有沒有成交的可能性而已。

如果客戶給出肯定的回答，就相當於明確地表示：「如果你滿足我的這個要求，我就買你的產品」。花點時間好好想想。你還沒說自己能降價，但客戶已經告訴你，如果你降價，他就會買。這類型的談判才會讓你拿到訂單！

為什麼在降價前先得到客戶的保證很重要呢？如果你沒有得到客戶的保證就貿然降價，客戶最後可能會不斷壓價。客戶說：「你們的報價是四千一百美元，另一家廠商的報價是三千六百美元。」於是你大談特談自家產品和服務的附加價值，客戶卻還是不為所動。「把價格降到跟你們競爭對手一樣，不然我就買他們的產品。」

你覺得這是客戶發出的最後通牒，所以回到公司後，想盡一切辦法求主管同意。第二天早上，你透過電子郵件告訴客戶新的報價，當天下午打電話給客戶，想約時間取走簽好的合約，順便拿支票。

「嗨，我超興奮的，終於說服主管降價了。」你說，「這實在太不容易了，但總算降到您的理想價位了。您什麼時候方便，我過去好完成簽約？」說完時，你停頓了一下。

客戶說：「呃，今天下午，你們的競爭對手剛剛把報價降到三千三百美元。」這就是壓價。客戶利用你們的競爭對手逼你降價，再反過來利用你的報價逼對方降價。就這樣一來二去，每次都大幅降價——如果你和競爭對手傻到還繼續玩這個遊戲的話，最後可能就免費了。何樂而不為呢？客戶的目的就是拿到最低價。

面對客戶壓價，你該怎麼辦？你應該和銷售經理討論：公司有多想拿到這張訂單？為了拿到訂單，公司願意犧牲多少利潤？有些公司幾乎什麼訂單都接，有些公司只接那些達到一定利潤標準的訂單。

如果市場不景氣，有些公司偶爾寧可虧損（會計部門眼中的虧損）也要接單，就是為了不讓員工閒著，盼著這個客戶日後會再次購買他們的產品／服務。所以，你要確保自己非常清楚公司希望你什麼時候、為什麼放棄某張訂單。

假設你推銷的產品以價值取勝，競爭對手以價格取勝，你卻得在價格上和對手競爭，那你的銷售生涯肯定不會如意。如果你推銷的是價值，和客戶見面時就可以透過與訂價有關的探索性問題，說明你的產品價值定位，避免陷入被壓價的困境——「您只考慮價格高低，還是品質也同樣重要？」你肯定希望客戶說：「價格很重要，但我們也希望產品的品質好。」

如果你之前聽客戶說過類似的話，現在就該提醒他們說的這些話。

業務：「不好意思，我記得您之前說您既關注價格，也關注品質。」

客戶：「呃……對。」

業務：「您覺得兩種產品品質不同，價格卻得一樣，這合理嗎？」

客戶：「呃……」

一定要保持冷靜，因為冷靜能為你和客戶談判時，爭取到更長的時間。要抱著瞭解客戶的目的，真誠地針對他們之前說過的話提出問題，並思索他們這一刻在想什麼。如果客戶覺得你的產品（靠價值取勝）應該和競爭對手的產品（靠價格取勝）價格一樣，那可能是因為你在產品陳述階段，沒有讓客戶充分認識到產品價值。

避免被壓價的第二個方式是，一開始就拒絕。再重演一次上面的例子。

客戶說：「你們的報價是四千一百美元，另一家廠商的報價是三千六百美元。不降到一樣，我就買他們的產品。」

你回答：「我很樂意想辦法給您優惠，但為了保證提供您最優質的產品，我可能無法降價這麼多。」

很多客戶習慣討價還價，聽到你這麼說會猝不及防。「呃……為什麼不行？」這就是你闡述產品價值的好機會：「因為如果資金有限，倒是有很多方法可以走捷徑（偷工減料）。我們不走捷徑，而是一開始該收多少就收多少，做好該做的工作。」

你這句話會讓客戶產生一種不安全感，於是忍不住進一步琢磨，如果繼續壓價，品質會受到什麼影響。透過這種方式，你就能把重點從產品價格，轉移到產品價值上。如果客戶還想繼續談，接下來可能就會說：「你最低能降到多少？」

「我回頭查一下，儘快給您答覆。」你這樣做，會阻止他跟你的競爭對手購買。如果他真的想知道你最低能降到多少，就會等你答覆之後再做決定。

客戶最後可能會覺得產品價值是最重要的，或者改跟你的競爭對手購買。但有件事他們不會做，那就是壓價。而且，這也不會導致你無法給其他潛在客戶報價。透過這種方法，你既避免被客戶壓價、保護了公司的利潤結構，還有力地向客戶說明產品的價值。大多數業務對自家產品的價值都是「嘴上說說而已」，只要客戶在價格上施加壓力，業務的所作所為就會違背自己在口頭上對產品的信念。

當你不知道如何回應客戶提出的談判請求時，該怎麼辦？

如果你需要回公司研究，或需要得到主管允許才能答覆客戶提出的談判請求，一般來說應該是先告訴客戶你要查一下，然後儘快給予答覆。但在與客戶見面的興奮狀態下，不一定總能這樣做。如果你不確定是否可以提供某種產品或服務，就不要給予承諾。即便這樣會干擾你和客戶溝通的流暢度，導致晚一些才拿到訂單。與其一開始承諾過多，最後卻告訴客戶無法兌現，不如信心十足地向前推進更好。

圓滿結束談判

談判過程快結束時，你可能會遇到以下幾種情況：

一、客戶可能又會提出其他顧慮或問題

「再跟我說一遍，你們的新系統為什麼比較好？」

「我還是不相信你們能及時交貨。」

「我們經理更傾向選擇另一家廠商的設備。」

這會把你們之間的對話重新引到「說服客戶的循環」的內循環。沒關係，說服過程會在「談判」和「解決問題／顧慮」之間來回。由於你現在已經知道如何辨別這兩者了，所以就能做出相應的回答。

二、說完所有交換條件，客戶還是不讓步

你可以提出終極問題：「我們已經談了很多可能性。還需要做點什麼，您今天才會下單？」問完後要保持放鬆，然後靜靜等待。在客戶說話前，你一個字也不要說。不管沉默的時間是五分鐘還是一小時，都不要先說話。如果靜默的時間夠久，你就要做好準備，因為客戶可能會假裝忘了你問的問題。

「我們都談完了吧？」

「不好意思，我剛剛問您，還需要做點什麼，您今天才會下單？」然後再次保持沉默。

記住，銷售過程中有三種基本活動：做陳述、提問題，以及保持沉默。如果你向客戶提出立即行動的請求，在他們開口前一定要保持沉默。沉默很簡單，但也很有力。

三、總結

如果你把終極問題在內的所有問題都聊完了，接下來該簡要陳述一下你的想法。結尾時要說類似這樣的話：「敝公司致力於提供優質的產品和服務。如果您想獲得我們的產品所具備的價值和優勢，就是這樣的價格。」

說這句話的時候要表現友好，但也要堅定。而且，即使你沒有拿到訂單，離開的時候也不會有所遺憾，因為你知道自己已經非常專業地嘗試過所有可能性。如果你覺得客戶會選擇

靠低價取勝的公司，而該公司無法提供優質的產品或服務，就在你的日程表上安排幾周後再後續跟進。客戶會非常感謝你這樣做。有時候，如果靠低價取勝的公司把事情搞砸了，客戶會指望你把工作重新帶回正軌。

重點整理

- 客戶提出談判請求後，你要保持放鬆的狀態。
- 要明白客戶提出某個請求的用意再做回應。
- 如果你答應客戶提出的請求，也要請客戶做出一定的讓步，以掌控談判過程。
- 無論什麼時候，如果客戶請求降價，都要先提出能為客戶提供的更多其他價值，不行時再考慮降價。
- 萬不得已時同意降價前，要先讓客戶保證你降價後，他們會立即購買。
- 如果你推銷的是以價值取勝的產品，想避免客戶壓價，就要讓客戶知道你會盡力降價，但不會降到競爭對手的價位。
- 談判環節可能突然就變成解決客戶顧慮的環節，兩邊都要做好準備。
- 如果談判結束時並沒有達成一致，要記得向客戶提出終極問題。

銷售實踐五 與客戶協商

情境A：商務場合的銷售拜訪

早在與客戶見面之前，凱特就做好準備。如果客戶討價還價，她通常會向他們提出這些優惠作為交換條件，前提是潛在客戶立即決定購買。

- 延長保固期。
- 延長線上客服期限。
- 每年額外提供兩次服務。
- 分三期付款。
- 每年提供免費的○○產品測試。
- 如果客戶以現金支付，可以訂製顏色。
- 免運費。
- 快速配送。

在「內循環」的過程中，凱特發現史蒂文斯先生的顧慮，也讓他同意：如果凱特能圓滿解決他的顧慮，他今天就會採取行動（購買）。接下來，凱特逐一消除史蒂文斯先生的擔憂，而且確認對方很滿意自己提供的解答，然後再次請他做出購買決定。

史蒂文斯先生皺起眉頭，望著天花板：「如果我不止買一套，能給我幾折優惠？」

凱特回答：「您想要幾折？」

「如果產品品質更好，有三個團隊能受益。如果我買三套，妳能提供什麼優惠？」

「總價還是不變的，但我也許能爭取經理同意，為您購買的三套產品免費延長六個月的保固期。如果您今天就購買，我們經理可能就會考慮為您免費延長保固期。」

凱特感覺他還想聊其他的事情，所以沒有引導他再次做決定……至少現在還沒有。「還有其他問題嗎？」

史蒂文斯先生想了想：「最好能額外提供一些支援服務。團隊裡有些人需要多花一些時間才能適應新產品的功能……」他突然改變了話題，「為什麼每家公司的產品年檢費用都這麼高？」

凱特感同身受地露出了痛苦的表情：「您比任何人都清楚，如果〇〇產品不能正常運轉，會有多大的問題。」

「啊，太清楚了。但是，說實話，每套產品的年檢費用要花五百美元？你們真是逼死我們了。」

「沒辦法，要遵守法規得花點成本。」凱特贊成道。

史蒂文斯先生皺起眉頭。他本來指望凱特聽到自己的抱怨，會降低一點○○產品的年檢費用。他給凱特一點時間，想讓她主動提出降價，但她只是一言不發地看著他。他繼續說道：「在貴公司的年檢費用定價上，妳有辦法能變通一下嗎？」

「迪恩，如果您今天就準備購買的話，我就有很多充足的理由請經理同意您的要求。」

他琢磨了一下凱特的話：「我打算多買幾套○○產品。」

「您之前說要買三套。」凱特平靜地說道。

史蒂文斯先生意識到凱特非常認真地聽自己講話，於是說話更審慎了：「如果我買三套，能不能在合約上加入免費年檢的條款？」

凱特瞭解到史蒂文斯先生手下有多少個現場施工團隊後，她的目標就是讓所有團隊都使用她推銷的產品。她開始朝這個方向聊：「目前，您有六個現場施工團隊都需要用到○○產品。如果您換掉目前效果不理想的三套產品，再把剩下的幾套也換成我們的產品，那公司會更願意免去您的年檢費用。」

史蒂文斯先生聳聳肩說：「我不反對。我們現在簽的是逐月合約，因為我不滿意現在這家公司的服務。妳是說，妳會免除這六套產品的年檢費用，對嗎？」

「如果您購買原訂的三套產品，同時也把剩下的所有產品都換成我們的，那就可以免掉年檢費。」凱特之所以說「剩下的所有產品」，是因為她不確定史蒂文斯先生近期計畫購買多少套○○產品。不管買幾套，凱特希望把這些訂單都拿到手。

史蒂文斯先生在考慮節省下來的資金，雙方就這樣沉默了一會兒。凱特保持放鬆的狀態，隨時準備回應。

史蒂文斯先生瞇著眼又提出一個談判（討價還價）請求：「但是，我們還得解決每個月的服務費問題。你們每套產品的月服務費報價，比我們現在這家供應商高八十美元。如果乘以六（六個團隊），每月就是四百八十美元。太貴了！」

凱特本可以提醒他，使用目前的產品會延誤團隊的工作，因而造成數千美元的損失。但是，她覺得這麼說不僅不會讓客戶馬上做出決策，反而會推遲決策時間。於是，她決定提醒史蒂文斯先生，他們倆目前在很多問題上都已經達成一致：「如果我們為您購買的所有產品都提供免費年檢，每年會省下五百美元，除以十二個月，就相當於每套產品每月的服務費都降低了四十多美元，和您目前供應商在服務費上只差不到四十美元了。」

史蒂文斯先生點點頭表示同意。凱特覺得他馬上就能說「好」了，於是繼續施加壓力：「單就電話售後服務這一項，您每月付給現在這家服務供應商多少錢？」

史蒂文斯先生拿起目前合作廠商的合約，開始尋找關於價格的條款。凱特知道這項服務的價格並沒有寫在合約裡，但她還是讓史蒂文斯先生自己發現這一點。他打電話給助手，問了問價格後對凱特說：「啊，對了。我們當地的○○產品公司不提供電話售後服務。」

凱特當然知道。而且，她還知道生產這種產品的製造商收了多少電話售後服務費。史蒂文斯先生的助手把價格告訴了他。「什麼？我還以為每個月十五美元呢。他們什麼時候漲價的？」

凱特忍著沒有笑出來。製造商在四個月前調漲每月電話售後服務的價格。她之前也見過其他潛在客戶有類似的反應。

史蒂文斯先生掛了電話說：「我們每個月的電話售後服務費要付二十五美元。」凱特給他留了一點時間，讓他算算帳，然後才繼續說：「由於我們的產品都是內部生產的，不依賴協力廠商，所以我們的價格中就包含電話售後服務。所以說，每月省下的四十美元年檢費，再加上每月二十五美元的協力廠商電話售後服務費，我們的價格只比您目前的供應商高十五美元。」

她能看出史蒂文斯先生已經開始動搖了，但還在糾結。他低頭看著平板電腦上凱特公司的標識，心裡權衡著凱特說的產品價值。他非常不希望每個月多繳服務費，但更討厭由於產品故障造成工期延期以及成本增加。他決定，如果每個月要多繳一些服務費，就再爭取多得到一些額外價值。「把價格降到我們現有供應商的價位，我就讓貴公司做我們的供應商。」

凱特再一次忍著沒有笑出來。史蒂文斯先生終於準備好達成協議了。她在腦子裡想了一遍自己的交換條件。根據史蒂文斯先生之前透露的資訊，凱特選了一個交換條件來彌補與競爭對手在價格上的差距。「你們去年有多少次請供應商加班維修設備的情況？」

「呃。我得查一查。我們員工的工作時間一般是上午八點到下午四點，但有時候隔天天氣變差，所以必須當天完工。遇到這種情況時，就會加班到晚上。」他笑著說，「當然了，不管什麼時候，只要下午四點開始加班，設備總會在四點〇一分故障。」

凱特聽完笑了出來。在緊張的決策時刻，有了這片刻的放鬆。史蒂文斯先生繼續說：「我不知道，可能每年六次吧。」

「那大概就是每年每套設備，平均都在工作時間之外維修一次了？每次加班維修要付多少錢給供應商？」

「現在妳問到痛點了。」他半開玩笑地說，「大約一小時二百八十五美元吧。」

「每次加班維修至少需要兩小時吧？」

「對。天啊，妳讓我今天的心情好沉重啊！」他一副情緒低落的樣子說。

凱特又笑了笑，繼續說道：「那就是說，每次加班維修，至少要兩個小時，成本至少是五百七十美元。每年加班維修六次的成本就是數千美元。」

她在等史蒂文斯先生認可，而且他最終也確實點點頭表示同意。

「您之前說，如果我替您解決每個月十五美元的服務費差價問題，您今天就可以進行下一步了。」

他又點了點頭。

「每套設備每月十五美元的差價乘以六套設備，就是每月九十美元。再乘以十二個月……」凱特從包包裡拿出了紙本合約，翻到背面，用鉛筆在背面算了算，為的是讓史蒂文斯先生看見她怎麼算出來的。「每年就是一千零八十美元，沒錯吧？」

「沒錯。」

凱特開始收尾了。「如果您今天就買三套設備，並且把您剩下的那些設備都換成我們的產品，那我們經理就能同意為您購買的設備，每年免費提供三次加班維修服務。其中包括您從我們公司購買的設備，以及繼續使用的這些現有設備。」

凱特把合約翻了過來，在特別條款部分清清楚楚地寫下「若從○○公司購買三套新設備，○○公司則每年免費提供三次加班維修服務。」凱特一邊寫，一邊說：「這項服務的價值超過一千五百美元，遠遠大於每套設備每月降低十五美元服務費的價值。」

凱特把合約轉向史蒂文斯先生，好讓他看清楚合約上的內容，但凱特並沒有故意把合約推到他面前。「沒錯吧？」

凱特把背靠在座位上，保持放鬆的狀態。史蒂文斯先生看了看凱特剛剛手寫的內容，什麼也沒說。然後，他伸手拿起合約，翻到第　頁開始看，看完後又翻到凱特手寫內容的特別條款部分。

「電話售後服務包括在內了，」他說，「免費年檢、每年免費提供三次加班維修服務。能提供六次嗎？平均每套設備維修一次。」

凱特把史蒂文斯先生是否言而有信搬了出來。「您剛剛說讓我替您解決每月十五美元的服務費差價，然後我們就能達成意見一致了。我已經超額完成您的要求，對吧？」

他想了一會兒，做出了最終決定：「好吧，我們準備好了，換成更好的設備。現在妳和我需要做什麼？」

「如果能告訴我現有設備的註冊號碼，我填完合約上其他資訊後，您簽字就可以了。」凱特一邊說，一邊看著他拿在手裡的合約。他意識到凱特的意思，把合約還給凱特，然後打電話給助手，詢問設備的註冊號碼是多少。

凱特很快就填好史蒂文斯先生所購買的設備服務合約，也填好了三套新設備的書面訂單。填寫資訊時，凱特的表情很愉悅，注意力卻非常集中。她成功拿到這張訂單，但還要完成一個任務，為將來的訂單鋪路……

情境B：家庭場合的銷售拜訪

鮑伯事先準備了下面這張交換條件清單：

- 先付一〇%訂金，交貨時結清餘款。

- 如果以現金支付，可以提供產品免費升級服務。
- 選擇使用公司的各種付款方案。
- 如果客戶同意最終報價，就可以訂製產品特性。
- 獲得免稅資格。
- 免運費。
- 每年保險費的漲幅控制在一定範圍。
- 能轉移服務給繼承人。
- 享有客戶服務專線。

鮑伯已經和派特、蓋瑞完成了「內循環」的過程。鮑伯現在已經確定了，學習如何使用產品以及現金流的問題，是他們不立即購買的唯一原因。他們倆都表示，如果鮑伯能圓滿解決這兩個顧慮，他們今天就會購買。鮑伯提出可以分三期付款，然後請他們做決定。

然後蓋瑞問：「每次付款的間隔，能不能從三十天延長到六十天？」

鮑伯並沒有立即回答蓋瑞提出的談判請求，而是決定搞清楚他提出這個請求有什麼用意。「我們來談談這個問題。如果每次付款的間隔時間是三十天，您有什麼顧慮？」

「我們的旺季從三月開始，但根據訂單周期，五月初才能陸續收到客戶付款。」

鮑伯考慮了一下他說的話。「您是擔心僅僅間隔三十天，沒辦法籌集足夠的資金付款，對嗎？」

蓋瑞面露痛苦：「呃，資金我們有，但我不想在淡季就這麼緊張。」

鮑伯點點頭。剛和蓋瑞、派特見面時，鮑伯問他們是不是有資金購買產品。蓋瑞好像表示有，而且剛剛又確認了一遍。問題是，蓋瑞想不想動這筆可用資金。鮑伯想弄清楚蓋瑞在現金流方面的顧慮到底是為什麼。「您是擔心這個月的現金流不足，還是擔心接下來的幾個月現金流會斷掉？」

「這個月的現金流特別緊，在我們的業務旺季開始之前，我們想確保手頭上有足夠的資金來應付各種開銷。」

鮑伯正要開口，派特卻問：「服務保單的金額是多少？」鮑伯告訴她每月的金額。

派特繼續問：「我們會一次買很多年的保險。比如說，十年以後的保單金額會是多少？」

鮑伯指著書面合約上的條款說：「根據原物料指數的市場通貨膨脹率，如果買的是五年期保單，每年的保單金額可能會上漲四％。」

「四％？」派特在腦子裡算了一下，「五年可能就會上漲二〇％啊！」

鮑伯平靜地說：「如果原物料的價格指數上漲，就有可能。我們只會加上上漲的原物料成本。」

派特不滿地低聲說：「似乎漲得很多啊。」

「如果原物料指數出現通膨，確實會漲很多。」鮑伯贊同道。他覺得費盡力氣去說服她「上漲四％並不多」，不僅不會讓她和蓋瑞更快做出決定，反而會讓做決定這件事變得更難。於是，鮑伯對派特的情緒表示了贊同和理解，然後等待派特的反應。

「呃……」派特皺起了眉頭，不知道接下來該說什麼。她本來以為鮑伯會說每年漲四％沒什麼大不了的。「我的意思是，你能幫上什麼忙嗎？」

「當然可以。」鮑伯隨意回答道，「如果您同意簽十年期的服務合約，我們能在合約裡規定每年的保單費用最多只能漲二％。這表示，未來十年裡，您的保單成本最多只能上漲二％。」

派特點點頭表示同意。蓋瑞補充道：「我覺得很不賴。但是，我還是認為現在還不是時候簽約。」

蓋瑞看著派特，面露不快。「這個月要為戴安娜的出國專案付六千六百美元！還有機票。而且，至少兩個月後才會有定期的旺季收入。我們也許能等到春天再說。」

派特無奈地看著鮑伯，什麼也沒說。蓋瑞轉而對鮑伯說：「我們非常喜歡你的產品。而且，我們確實想買一份。只是現在時機不對。」

鮑伯一邊聽蓋瑞說話，一邊有意識地放鬆下來。他們剛剛似乎馬上就能做決定了，但現在又卡在現金流問題上。鮑伯已經從好幾個角度提出解決辦法，現在要讓蓋瑞和派特下決定，只有兩個辦法了。首先，就是告訴他們還有哪些選擇。

「您看，這是個長期決定，」鮑伯開口說道，「今晚最重要的是，為兩位做出最好的決定。那麼，我們現在先總結一下今晚談了哪些問題。兩位基本上有三個選擇：第一，根本不買這份產品，這樣今晚和你們見面時聊到未來可能會面臨的困難，可能就無法解決。」一般來說，鮑伯會說「挑戰」，但為了強調，他使用「困難」這個詞。

鮑伯繼續說，「第二個選擇是，今天就購買這份產品。兩位已經提到好幾次，表示全家都會從中受益。」

他們兩人都點了點頭。

「而且兩位都非常認同我們公司的產品特性。」

他們又點了點頭。

鮑伯嘆了口氣：「第三個選擇是，晚一點再做決定。這個選擇的優點是，淡季結束後，兩位就有更多現金了；缺點是兩位都非常忙，為戴安娜付完出國的費用之後，還會有其他費用要支付。帳單是永遠付不完的。而且，永遠都會有其他理由讓兩位晚一點再購買這份產品。正是因為這個原因，六〇%以上的家庭才會因為沒有購買這個產品而遭遇困難。如果將來有一天，兩位非常非常需要這份產品……現在所有覺得不適合購買的原因，都會顯得無關緊要了。」

鮑伯留一點時間給派特和蓋瑞考慮這三個選擇。他們現在已經再次到了決策時刻，而鮑伯已經準備好耐心等待他們的回應了。蓋瑞慢慢地搖了搖頭：「戴安娜馬上就要出國了，我不想這時候花這筆錢。時機不對。」

鮑伯有意沉默了幾秒鐘，然後壓低了一點聲音，用上最後一個辦法——提出終極問題：「兩位說過很多次，買這個產品就是因為看重產品的價值。」鮑伯說到這裡停頓了一下，而派特和蓋瑞認同地點了點頭。「那麼還要解決什麼問題，兩位今天才會入手這個產品呢？」

鮑伯提出這個問題，真的是為了找出一個適合他們的交易方案。根據「三天內有權解除合約」的規定，鮑伯深知，如果讓他們迫於壓力購買產品，最有可能出現的結果就是，三天內訂單就會被取消。派特和蓋瑞已經認可這個產品的價值，也有購買產品所需的資金。鮑伯現在做的就是讓他們通過決策過程中的感情關。派特似乎已經決定了，但蓋瑞現在還難以做出決定。

鮑伯靠在椅子上等著他們回答，他臉上令人愉悅的表情，反映出自己引導派特和蓋瑞完成整個「說服客戶的循環」後的滿足感。

有時候，客戶在這個節點上會提出一個辦法，最後說出「好」。但很多時候，客戶會說「不」。如果派特和蓋瑞的回答是「不」，鮑伯會安排一個時間跟進。由於他們倆對產品的反應都是正面的，所以鮑伯也會在離開之前請他們把自己推薦給其他潛在客戶。

蓋瑞低頭看著自己的手。「我覺得我們不應該買。」

派特問：「如果我們從信託帳戶裡借一筆錢呢？」

蓋瑞抬起了頭：「什麼？」

「孩子們的信託帳戶。我們為什麼不從那裡先借一筆錢付頭期款呢？我們有權每年代表孩子們從中借一筆錢啊。畢竟最後還是孩子們最受益於這個產品。我們用手頭的錢付第二筆。等該付第三筆的時候，旺季已經開始了（就有了收入）。今年夏天再把錢匯進信託帳戶。」

蓋瑞考慮了一下派特的建議。「這個方法可行。」他對鮑伯說，「你們接受個人支票嗎？」

「個人支票和大型銀行的信用卡都可以。」鮑伯回答。

派特補充道：「如果我們以信用卡支付，能累積航空哩程。」蓋瑞想了一會兒，拿起銷售合約。「頭期款從信託帳戶裡出……但是第一、二筆款項只隔三十天，太短了，來不及。能延長到四十五天嗎？」

他們又重新回到蓋瑞最初提的談判請求上。鮑伯在這個問題上握有一些彈性，而且他的交換條件是讓蓋瑞同意立即採取行動。

「如果今天就簽約，我就能讓經理批准，把『三十天後交貨』改成『四十五天後交貨』。這樣您就能晚十五天再付第二筆款項了。這樣是不是好多了？」

蓋瑞看了看臉上露出笑容的派特。她說：「好的，就這麼定了。」

「如果您現在就帶著信用卡，我可以填好合約。」鮑伯說，同時對著蓋瑞手裡的書面合約點了點頭。

蓋瑞把合約遞給鮑伯後，就伸手去拿錢包了。鮑伯一邊請派特確認配送資訊，一邊集中精神一字不差地填寫合約內容。但是，他知道自己還有最後一個任務……

第四部

客戶說「好」

YES

17 如果客戶說「好」

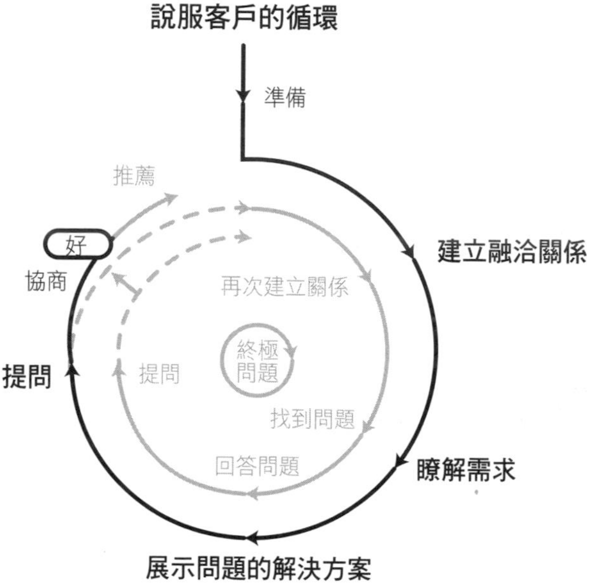

客戶說「好」了！

啊……當你意識到自己所有努力終於換來客戶的積極回應，那種滿足感實在難以形容。客戶說「好」的方式有很多種：

一、**直接說他會買。**

「好，我買了。」

「好的，把這個寫到合約裡吧。」

「我買三套。」

二、**提出求證式問題。**他們會假定已經買了你的產品，向你提出求證式問題，間接表示會買你的產品：

「你周五能交貨，對吧？」

「我能以信用卡支付，對吧？」

「所以說，如果我付現，我的網路售後服務就能免費延長一年，對吧？」

三、**透過非語言方式表達**。例如，客戶會點頭，或放鬆地呼一口氣，然後靠在椅子上，表示自己會買你的產品；或者，客戶會開始找筆，想在合約上簽字。

你做得很好

- 你已經表現出自己真正認同產品的價值。
- 你已經和客戶建立起融洽關係，變得討人喜歡，正是客戶想有生意往來的那種人。
- 你已經瞭解了客戶的需求，包括讓他們今天就下單的動力。
- 你做的陳述與客戶的特定需求非常契合。
- 你透過非常有說服力的方式，請客戶把業務交給你。
- 在客戶回答你的問題前，你保持放鬆和沉默的狀態。
- 你圓滿地完成「內循環」中的各個環節，然後又引導客戶到了決策時刻。

現在，客戶說「好」。

這時你會有什麼反應？是不是開心地彈跳、揮拳歡呼、放鞭炮慶祝？「真的嗎？您沒開玩笑？天啊！太好了。我是說，呃……我們看一下文件，嗯，先從這個開始……」

這有些誇張——但你問問自己，是不是會透過非語言形式顯露自己的驚訝？是不是吃驚地瞪大了雙眼？臉上是不是會出現無法抑制的笑容，就像學校的萬人迷邀請你去參加大型舞會一樣驚喜萬分？或者你會冷靜地開始處理各種交易細節，安靜得好像一切都在預料之中？

如果客戶說「好」，你一定要保持熱情、友好、冷靜。用專業的方式證明自己很高興。稍微點頭表示認可就行，愉快地表達謝意也不錯。也可以簡短地說「太好了」表示肯定，同時保持鎮定，表示你很感謝對方把業務交給你，也很讚賞他們果斷做出這個明智決定。

很多業績一般的業務會經常設想，應該怎麼進行陳述和回答客戶的問題，卻不考慮客戶說「好」之後應該怎麼表現。然而客戶說「好」之後，你的反應會對你和這位客戶（以及他們推薦來的其他客戶）未來的業務合作產生深遠影響。

客戶決定購買你的產品／服務後，你可能會注意到他們明顯放鬆下來。決策時的焦慮逐漸平息，而且心理上會發生轉變，開始將你視為他的顧問和服務供應方，而不是業務。如果也在心理上進行這樣的轉變，會對你非常有利。

另外，還要注意到你們之間的融洽關係會再次出現起伏：剛剛和客戶會面時，你已經與客戶建立起良好的關係，在整個銷售陳述過程中也保持得很好；當你處於「說服客戶的循環」的外部循環，向客戶提出收尾問題時，可能會暫時影響這段關係；當你進入「內循環」

後，很快就會與客戶重新建立融洽的關係，並在解答客戶問題和顧慮的過程中維持下去；當你第二次收尾時，客戶再次面臨決策時刻，這段關係可能會再次受到影響。

現在，既然客戶已經說「好」，在處理各種交易細節的同時，應該再次與客戶建立融洽的關係。你的語氣應該還是很友好，臉部表情應該比之前更放鬆。在處理交易細節的同時，你還要承擔起讓客戶信任的顧問角色。

下一步，就是確認與這份訂單的所有資訊是否準確無誤。一定要大致告訴你這位新客戶接下來會有什麼事情，比如：

- 客戶會獲得什麼樣的禮遇。
- 如果有問題，應該如何聯繫你和你們的客服／支援部門。
- 你何時會再和客戶聯繫。
- 你多久會和客戶聯繫一次，確保他們滿意自己做的這個決定。

記住，讓客戶滿意與賣出產品或服務是一樣重要的。

如何處理交易細節，主要取決於產業內容。每個產業各不相同，但需要考慮的幾個原則是一樣的。

售後原則

一、時間

如果此時客戶要趕時間，你得判斷需要優先處理哪些關鍵的交易細節。比如說，讓客戶簽字和付款可能比較不花時間，將產品具體細節全寫在合約上，或填寫配送地址和交貨時間，則可能比較費時。確定客戶公司的其他員工（比如客戶的助理）能不能幫忙處理次要的細節。客戶在合約上簽字後，建議他們安排其他員工來處理次要細節，或許是比較明智的做法。

如果客戶說「好」，處理次要細節時，要先確認他們有沒有其他更重要的事情需要優先處理。如果你不確定，就直接問：「吉姆，大約還需要十五分鐘才能填完這些產品交貨資訊。您有時間處理嗎？還是，我應該和您的助理一起填完剩下的這些細節資訊？」

二、收取費用

注意，不要太早伸手向客戶要現金、支票或信用卡。「客戶主動給你錢」和「你向他們要錢」，這兩者之間有一條界線。

比如，客戶坐在你對面，在合約上簽了字、開了支票，然後把支票和合約放在桌上。這時候，最好不要越過桌子去拿過來放在自己這邊。最好謹慎一些，不要動桌上的支票，要等客戶把它交給你。

大多數客戶不會很重視這個細節，但是，你可能會遇到一些客戶，非常重視你在此時的行為。隨時都要謹慎。你費盡力氣才拿到訂單，肯定不希望因為這個小細節橫生枝節，讓本來覺得終於做出明智決定的客戶感到不舒服。

不要做任何可能會導致客戶質疑你真誠度的事。

三、做事有條理

做事是否有條理，會反映出你的銷售預期及專業度。如果客戶說「好」之後，你就開始在口袋裡找筆，會讓人覺得你放東西雜亂無章；如果你還要跑回車裡拿書面合約，更可能反映出你準備不充分、沒預期能拿到這張訂單，或是做事不夠專業。見客戶之前，要花三十秒檢查是否帶齊了拿下訂單所需的全部材料，然後在腦子裡從頭到尾想一遍你和客戶見面後的事，這有助於你檢查自己是否做好充分的準備。

四、準備回答客戶在決定購買後提出的問題

做事有條理的另外一個方面是，熟悉客戶在決定購買之後最常問哪些問題以及如何回答。如果你無法回答客戶針對產品基本特性、交貨安排或付款等提出的問題，會讓你很丟臉。客戶針對細節提出的特殊問題，偶爾可能確實需要查過才能回答，但客戶期望你會事先準備好回答那些常見問題。

好了，現在假定交易細節都已經確定了，你也收到客戶簽字的合約和款項，檔案也都處理好了。那就沒事了嗎？你是不是準備收拾東西離開，準備下一個銷售會面？

不要這麼快。你圓滿拿到訂單，是可以慶祝一下，但稍後還有很多時間。現在，不要錯過可以讓你事半功倍的機會。你還有一項任務要完成，而這會讓你以後更容易、更快速完成「說服客戶的循環」。我們會在下一章詳述這部分的內容。

重點整理

- 客戶可能會直接說「好」，也可能間接表達，更可能只是簡單地點一下頭。
- 銷售成功後，要繼續保持熱情友好的態度。
- 確定所有必要資訊都準確無誤。
- 留意客戶是不是時間有限。
- 要等客戶把簽字的合約與款項交給你，不要自己主動去拿。
- 告訴客戶你會如何為他們服務、如何滿足他們的需求。

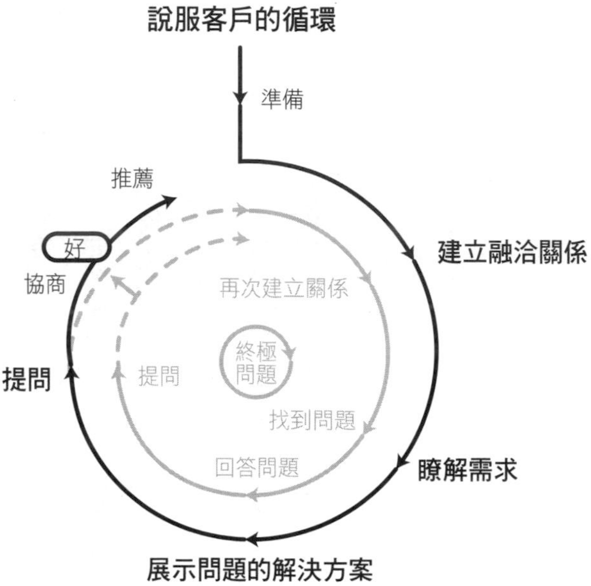

18 讓更多客戶對你說「好」

你從說服客戶和你見面時，便開始整個銷售過程，然後利用自己訓練有素的銷售技巧，完成了「說服客戶的循環」，並在此過程中展示出高度的專業性。因此，你可以冀望從這位新客戶手裡拿到更多訂單。你們此時的關係應該十分融洽，可以信心十足地請對方把你推薦給其他客戶，或介紹其他客戶給你。

事實上，由別人推薦而來的客戶更可能購買你的產品／服務。因為向他們推薦你的，是他們喜歡和信賴的夥伴或親戚。如果你之前沒有請客戶這樣做，從現在開始和客戶聯繫時，就要加上「請把我推薦給其他客戶，或介紹其他客戶給我」這一步。這麼一來，幾乎可以保證你的銷售生涯會非常成功。

一般業務不會這麼做。為什麼？他們擔心向客戶提出太多請求，就不會再推薦客戶給自己了。才剛剛請客戶買你的產品，又簽了一份書面合約與敲定交易細節，現在還要提出新請求！天啊，這一切沒完沒了嗎？

會這樣擔心的原因，已經在第五章〈客戶是因為你，才說「不」嗎？〉討論過了。在銷售過程中，這個環節是最後機會，反映你對自家的產品和服務有多認同。

- 你怎麼看待「請別人買你的產品／服務」這件事？你是在請他們幫忙嗎？
- 你怎麼看待「敲定訂單細節，處理檔案」這件事？你害怕客戶改變主意嗎？
- 你怎麼看待「請客戶把你推薦給其他人」這件事？你會不會覺得自己在利用他們？

花點時間反過來想一想，從潛在客戶的角度思考。他們一直想解決自己面臨的難題，現在得到了一個高效率的優質解決方案，生活和工作也因此更有效率、更愉快了。大家發現有個很好的解決方案，往往都想告訴自己的朋友和同事。而且，你提供的解決方案既好，價格又公道，對吧？

你和客戶具備新的共同點。你們都希望幫助別人，讓大家利用你的方法解決難題。不管怎麼說，你的客戶現在是告訴別人怎麼解決難題，那麼何不讓他們順便也一併告知提供解決方案的人呢？就是你啊！

安排推薦環節

請客戶把你推薦給別人是很常見的行為，並不是偶然才發生的。以下是有效安排推薦環節的幾個建議。

請客戶推薦你的最好方式，就是為他們提供出色的購買體驗，這表示客戶可以享受到專業的服務和優質的產品。有一點很重要：單純提供客戶出色的購買體驗，未必能讓他們把你推薦給別人，所以你必須得告訴他們要這樣做。

觀望型業務在銷售過程中，總是會分很多環節。比如說，他們會把「請客戶推薦其他潛在客戶」當成一個單獨的環節。有時，他們拿下訂單後會對客戶說：「最後一件事，您是否知道有誰也可能會對這個產品感興趣嗎？」

這是觀望型業務在整個銷售會見過程中，第一次請客戶推薦其他潛在客戶。這樣問有用嗎？有時候有用，因為任何事情都可能發生，但對大部分的人來說，這樣問太生硬了，會削弱這個問題的作用。但這樣毫無預警地請客戶推薦潛在客戶還是有效的。問題是，當你請求客戶時，這個策略是不是最有效、最令他們愉悅的方式呢？答案偏偏「不是」。

在「說服客戶的循環」裡，中心思想之一是：要像下棋般去取得訂單。在銷售會面初期，有意地採取某些行動，進而在後期實現你的目標。安排推薦環節，就是採取這個策略。在整個銷售過程中，要適切地請客戶把你推薦給別人，透過這種方式早點讓他們明白，這也是整個購買體驗的一部分。

但是，如何才能自然引出這個話題，請客戶把你推薦給其他人呢？

這個過程在剛和客戶見面時就要開始。你必須像偵探一樣，留意哪些細節反映出他們認識的人。如前所述，剛和客戶見面時，就應該爭取請客戶為你介紹的權利，然後在整個銷售過程中運用這個權利。以下是幾個能進行的方式：

一、**介紹你的公司**

「約翰，您可能沒見過敝公司進行的大規模廣告宣傳。因為我們決定以客戶口耳相傳推薦來發展業務。所以，如果您用了我們的產品／服務之後很滿意，您一定會毫無保留地把我引薦給和您有類似需求的人，對吧？」

二、**描述公司的服務水準**

「我們的目標是為您提供絕對出色的服務，讓您想趕快把我們推薦給您的同事。」

三、**講故事或轉述其他客戶對公司的評價**

「之前有位客戶把我推薦給名叫希拉的業務經理，她的公司有個難題……」

你每說一個字，客戶都要在腦子裡想一遍。如果你提了幾次，就是在引導客戶考慮把你推薦給他們認識的人，而且還能暗示你將請他們這樣做。

融洽的關係以及客戶推薦

最後，再次提醒整個銷售過程中與客戶保持融洽關係有多麼重要。現在客戶已經完成決策，做決定時的緊張氣氛也一去不復返。這時候，雖然你和客戶可能一步也沒挪，但你們的想法、語言和行動，都反映出這段業務關係發生重要轉變。你說的話及非語言行為，會促使你們在思想上發生這種轉變，而且有助於逐漸淡化彼此的「業務與推銷物件」的關係，讓對方更適應、更把你當作他的產品／服務供應方。

該如何在非語言上促進這種轉變呢？當你心情愉悅、高效率地處理交易細節時，要透過你的語調和肢體語言，為客戶營造出一種放鬆、融洽的氣氛，就像你在進行銷售陳述前營造的氣氛一樣。如果客戶問你一些關於產品使用和服務的售後問題，回答完之後，還要鼓勵他們再多問一些問題，這會顯得你非常相信客戶做出了明智的決定（購買了你的產品／服務）。不要表現出一副很想離開的樣子。

收尾時，請客戶把你推薦給別人

請客戶把你推薦給別人時，仔細檢視過程中的細節，通常會想到以下兩種情境：第一種是，完成銷售陳述後，請客戶把你推薦給別人。跟銷售過程中的其他環節一樣，在聊天時提出這個請求就可能成功。只要採取以下幾個步驟，就能成功讓客戶把你推薦給別人。

第一步：在客戶面前提起一些客戶認識的人。你和客戶聊天時有注意且做紀錄，肯定也記下一些他們參加過的團體或組織機構。請客戶把你推薦給別人時，可以這麼說：「瑪麗，妳之前說自己參加了一個社團。裡面有人和妳一樣有類似的需求嗎？」

第二步：記住客戶推薦的潛在客戶大名。最好能快速在筆記本上寫下這些人的名字。如果急急忙忙把這些人的名字輸入到你的連絡人資料庫裡，會顯得比較沒禮貌。

第三步：提一些問題，確認這些人是不是你的目標客戶。比如說：「他們之前說過什麼話或做過什麼事，為什麼你剛剛會想到他們？」記下客戶的答案。這些資訊很重要，當你聯繫這些潛在客戶時，可以利用這些資訊組織開場白。

第四步：索取潛在客戶的聯繫方式。比如說：「我透過什麼方式聯繫他們最好呢？」如果客戶手頭上沒有聯繫方式，要耐心地提醒他們可能會在哪裡找到資料：「如果你們最近通過電話，也許能在通訊紀錄裡找到。」這是一個非常好的建議，因為客戶在通訊錄裡一個個翻找時，可能還會發現也需要你們公司產品的人。

第五步：請客戶打電話向潛在客戶介紹你。不要迴避這種做法，你有充分的理由提出這個請求。「既然您非常滿意我們為您提供的產品，那您是否介意打通電話給喬納森，讓他知道您找到一個解決方案，而且這可能也會對他有幫助？」幾乎所有人都會覺得打這種電話很彆扭。沒關係，因為你接下來就要消除客戶因此產生的不適感。

第六步：如果客戶表現出緊張不安的情緒，那就退而求其次，請客戶允許你打電話給那些潛在客戶的時候，提一下他們的名字。大多數客戶會覺得如釋重負，終於不用打這通電話了，所以會欣然答應你的請求。一旦他答應了你，你就要向他保證你會怎麼做：「瑪麗，既然您讓我聯繫喬納森，那我向您保證我會聯繫他，盡全力提供最好的服務。我發郵件給他（或者見面）的時候能提您的名字嗎？」

之後再請客戶把你推薦給別人

請客戶把你推薦給別人時，第二種情境是：之後再請客戶推薦。什麼時候最適合提出這個請求呢？只要你為客戶提供了出色的服務，隨時都適合提出來。另一個合適的時機，則是幫客戶解決一個難題的時候。這時候如果客戶很高興，就向對方確認你為他們創造的價值。提醒他們，如果能把你推薦給別人，你會非常感謝。整個過程可能會是這樣進行的：

一、**列出那些對你最滿意的客戶。**當你為他們解決了一些問題後，他們會對你非常感激，這時候打電話給他們或和他們見面。

二、**在對話時，請他們確認你的服務價值**。舉例來說：「（你提供的服務或你為他解決的問題）對您有幫助嗎？」「您滿意我們提供的服務嗎？」那些對你很滿意的客戶中，大多數都會很喜歡你們公司的產品和服務。當他們表達出滿意時，你就要採取下一步。

注意！如果他們不滿意，就要立刻停止請求他們把你推薦給別人，並馬上解決他們的問題！如果他們對你們公司的產品或服務有不滿意的地方，就沒有任何正當理由請他們為你推薦新客戶了。更重要的是，這是展示你們卓越服務的好機會。

如果客戶對你不滿意，肯定不是你的推薦人首選，但你要考慮其中蘊含的機遇。客戶遇到麻煩的時候，是證明你確實想為客戶提供優質服務的絕佳機會。一切都很順利的時候，說空話一文不值；當你們公司的服務不理想的時候，你的行為才能向客戶證明，你們確實努力在為客戶提供出色的服務。

暴風驟雨過去之後，你會驚喜地發現自己贏得不少既忠誠又為你推薦業務的客戶。幾天或幾周之後，如果問題完滿解決了，客戶也很滿意，這時候再請他們把你推薦給別人。

三、**告訴客戶你非常重視他們**。「您是敝公司非常重要的客戶，我們非常重視和您的合作關係！」

四、提醒客戶，「讓客戶推薦新客戶」是你的業務中，非常重要的組成部分。「您也知道，我有很大一部分的業務主要是客戶推薦給我的。他們也和您一樣，非常滿意我的服務。」

注意！如果你的客戶本身就是公司經理，你也要盡全力介紹業務給他們。

五、請他們推薦客戶給你。「您還認識跟您遇到相同難題的人嗎？」如果客戶認可你幫他們解決了難題，就有充足的理由請他們把你推薦給別人。你並不是在請對方給你更多業務，而是請他們告訴你，有哪些人面臨類似的難題。這會讓獲益方從他們轉變成他們的朋友或同事。客戶對自己遇過的困難都深有感觸。找到解決難題的辦法後，他們會如釋重負，這種感覺會強力促使他們希望讓別人也解除這種負擔。

為了讓你一目瞭然，以下對話形式能一次說明這幾個步驟。

業務：「（你提供的服務或你為他解決的問題）對您有價值嗎？」

客戶：「有。」

業務：「太好了！我們非常重視和您的合作關係，也把您視為我們最重要的客戶之一。您也知道，我有很大一部分的業務主要是客戶推薦給我的。他們和您一樣，非常滿意我的服務。您有認識跟您遇到相同難題的人嗎？」

這幾句話，和你在收尾階段請客戶購買產品時一樣，也需要用你自己的話寫出來，而且大聲練習，直到習慣成自然為止。如果你提出請求時很有底氣和自信，客戶的回應也會更積極。你說話時的任何遲疑，都會被客戶解讀為缺乏自信和產品認同感。這情況和你在收尾階段向客戶提問時差不多。實際上，這樣做非常符合邏輯。你為客戶提供了價值，而客戶喜歡和別人分享蘊含價值的機遇。

六、**傾聽！**當客戶正想著可以把你推薦給誰的時候，千萬不要打斷他們的思緒，讓他們想一會兒。在某種程度上，這有點像是你在收尾之後要保持沉默。兩者的道理是一樣的，誰先開口，誰就先「妥協」了。如果你先開口，對方可能連一個新客戶都不會推薦給你。

為什麼業務要在客戶正打算推薦一些重要新客戶時打斷人家呢？有可能是業務覺得，這時候的沉默和收尾階段的沉默一樣，都讓人非常不舒服。也可能是業務害怕，對方一個新客戶都不推薦給自己。

如果你採取上述步驟，請求時也非常注意措辭，很少會有客戶對你說「不」。他們可能不會立刻告訴你潛在客戶的名字，而是說要考慮一下，或稍後再聯繫你。儘管拖延並不是你最希望看到的結果，這對你來說仍是一種勝利，因為你已經讓客戶接受這個想法，為你推薦新客戶。而且，他們現在直接表示願意考慮為你推薦。

有個很好的方式，能讓客戶想把你推薦給其他人：針對他們提到的人，提出一些問題。你還記得與客戶建立融洽關係、瞭解客戶需求的階段時提到的那些問題嗎？有時候，客戶會在閒聊中提起他們的一些同事和前員工。還記得在這種時候偶爾做做筆記，能體現出你在傾聽嗎？如果你記下他們說過的那些名字，就可以指名提出一些關於這些潛在客戶的問題了。比如說：「您之前說，約翰目前在ABC公司工作。他會不會知道誰負責決定採購這類產品？」

如果客戶已經說出推薦的客戶名字，就透過非語言方式，鼓勵他們再多告訴你一些。

- 記下他們告訴你的名字。這表示你有在聽，而且有助於你記住這些潛在客戶是誰。
- 不要用問題打斷客戶。如果有的名字你不知道怎麼寫，就按照你覺得最有可能的字先記下來，然後繼續聽。只要客戶還在跟你說名字，你就要繼續保持沉默。
- 透過非語言方式給客戶一些鼓勵。一旦你開始寫了，眼睛就要一直盯著你的筆記，並表現出自己期待能記下更多名字，直到客戶說完為止。客戶每提到一個名字，你就慢慢地點一下頭，以示鼓勵。客戶說到名字的時候，你要保持放鬆，而且臉部表情要愉快。

• 在客戶說完前，不要每聽到一個名字就問聯繫方式，等他們說完後再問名字怎麼寫、聯繫方式是什麼。如果到了這個時候，客戶要趕時間去處理別的事情，就問他們的助理能不能告訴你這些人的聯繫方式。

七、可能的話，在客戶提供聯繫方式當天就加以聯絡。立即採取行動有以下幾個好處：

• 你才剛聽說這些人，還處於非常興奮的狀態。

• 如果這些人聯繫你的客戶，而且聊到你打電話給他們，你的客戶比較可能記得你說過的話，並轉而告訴這些新客戶。但是，如果你過了兩周或兩個月才打電話，誰知道你的客戶會不會記得你說過什麼？

• 如果立刻和他們聯繫，可以更早進行拜訪。

八、要讓客戶知道，你和他們推薦的新客戶聯繫之後有什麼成果。一般來說，大家都希望能幫助別人。如果你替客戶的朋友或同事解決了一個難題，把你推薦出去的這位客戶，會覺得自己像個英雄，而且非常樂意再向你推薦一些新客戶。

如果客戶推薦新客戶給你，一定要寄封感謝郵件或手寫便條給他們。然後，等你聯繫上他們推薦的朋友或同事後，也要再跟他們說一聲，讓他們知道情況，並表示他們當時沒有浪費時間去推薦你根本不會聯繫的客戶，而且也會鼓勵他們再介紹更多潛在客戶給你。如果他們推薦的第一批潛在客戶對你非常滿意，更能鼓勵他們介紹新客戶給你。

九、定期打電話給客戶。為他們提供服務的同時，也請對方再推薦一些新客戶給你。一年能發生很多事情，客戶的職位可能會變化，也可能認識正好需要你的產品和服務的人。

十、**在售後隨訪期間，要記得利用一些更巧妙的方式，去提醒客戶把你推薦給別人。**比如說，可以在你的名片或電子郵件簽名裡，提及自己多感謝客戶推薦新客戶給你。再加上本章前面提到的其他方法，都足以委婉地告知客戶可以轉發你的郵件，或把你的名片交給潛在客戶。

讓客戶推薦成為一種生活方式

請客戶把你推薦給別人的關鍵是：把「為你介紹新客戶」變成銷售過程中不可或缺的一部分，將「尋找滿足其需求的新客戶」成為你的天性。這比好好做完銷售陳述，然後在銷售過程中靜觀其變的業務的目標強多了。

如果你的注意力一直集中在拿到訂單上，現在該拓展一下思路了。每位客戶都相當於一扇門，可以通往更多客戶。不要把自己局限在眼前這張訂單上，而是去考慮把每次和客戶見面的終極目標，都設定成「讓客戶把你介紹給新客戶，拿到更多訂單」。這表示，你要讓客戶從你這裡獲得高價值，提供服務的同時還要讓他們心情愉悅，讓他們發自內心想把你推薦給那些有類似需求和難題的人。

完成整個「說服客戶的循環」

隨著客戶積極地為你介紹新客戶，你就完成了整個「說服客戶的循環」。接下來，你要針對客戶介紹的新客戶重新開始整個循環。與之前沒有人替你引薦相比，這次有了客戶的推薦，你的起點更為有利。和客戶一起完成整個循環過程，最後不僅拿到訂單，還得到更多新客戶，這就是頂級業務的銷售模式。

出色地完成工作能獲得一種深深的職業滿足感。本書就是為了讓你看清銷售過程的每一步，並為你提供確實有用的方法，讓你快速完成這個循環過程（拿下訂單）。祝你利用「說服客戶的循環」超額完成銷售目標，享受成功的銷售生涯。

現在，讓我們繼續前文中的兩個案例。

重點整理

- 如果客戶對你很滿意，他推薦給你的新客戶就更可能購買你的產品或服務！
- 拿到訂單，並不意味你的任務就完成了。
- 利潤來自於：讓客戶告訴別人，你們公司的解決方案滿足了他們的需求。
- 在和客戶見面的整個過程中，從頭到尾都要暗示客戶推薦潛在客戶給你。
- 幫客戶想想還有哪些人可能有類似需求。
- 針對客戶推薦給你的人，提出一些相關的問題，確定他們是不是你的目標客戶。
- 無論什麼時候，都要讓客戶知道你和他們推薦的人聯繫之後有什麼結果。

銷售實踐六 請客戶推薦潛在客戶

情境A：商務場合的銷售拜訪

史蒂文斯先生說「好」了，要買三套設備。凱特正在填寫最後的產品註冊碼，書面合約已經準備好，只差史蒂文斯先生簽字了。凱特計畫先完成這些檔案，然後請史蒂文斯先生為她推薦新客戶。這時候，史蒂文斯先生的電話響了。他拿起電話，聽完後一皺眉，轉而對凱特說：「我中午本來約了人吃飯，但現在得提前去。對方是我非常重要的客戶。現在我們還有別的事需要進行嗎？」

凱特把書面合約放在他的桌子上。「只需要您在這裡和下面簽字就可以了。」

史蒂文斯先生把合約放在面前，在凱特指的兩個地方簽上名字。「還有別的事嗎？」

「我把這些資料整理一下，然後留一份給您的助理。」

「好。」他一邊說，一邊站了起來，「期待能收到性能穩定又可靠的產品。」

凱特收拾了一下自己的東西。「非常感謝您和我們合作，謝謝您今天上午百忙之中抽出時間見我。」

三個月後，凱特到了史蒂文斯先生的辦公室進行例行拜訪。打完招呼後，她就說出自己今天來的目的：「我想來您這裡看一下，確保您在加拿大的團隊收到那些替換零件。」

這就是凱特來這裡的主要目的，並請史蒂文斯先生介紹新客戶給她。但是，她知道必須先確保客戶滿意，才能請他介紹新客戶。史蒂文斯先生確實很滿意凱特的公司，而且從表情上就看得出來。「他們確實收到了。讓我驚訝的是，你們怎麼如此快就拿到競爭對手產品的替換零件呢？」

「我們公司有個倉庫，專門應對這種臨時需求。難的是怎麼迅速過海關，讓產品及時送到您的團隊手中。很驚險，很刺激。」

「我不止一次體驗過這種驚險的經歷，謝謝你們付出這麼多。」

「不客氣！您對敝公司的所有服務都還滿意嗎？」

「滿意。我非常高興當時把供應商換成你們。」

凱特很快就與史蒂文斯先生重新建立起融洽的關係，而且確認他對她的公司很滿意。現在她準備實現第二個目的了：「您是我們非常重要的客戶。您可能也知道，敝公司有很大一部分的新業務都是客戶推薦來的。這些客戶和您一樣，都很滿意我們的產品和服務。您有哪些同行也因為設備老化造成工期延誤嗎？」

然後凱特就不說話了，和當時問完收尾問題時一樣。事實上，這確實也是收尾問題。凱特很放鬆，臉上保持著愉快的表情，等著史蒂文斯先生回答。史蒂文斯先生面無表情地看著凱特，其實心裡在想可以把誰介紹給凱特。他坐在椅子上換了個姿勢，頭朝一邊看著地上，慢慢地搖了搖頭說：「想不出有誰。」

凱特又沉默了一會兒，史蒂文斯先生接著說：「不過，我們這個行業有個協會，每季我都會和裡面的一些行政主管見面。你們和這些人建立合作關係了嗎？」

凱特鼓勵他繼續按照這個思路考慮：「幾個月前，我和您第一次見面時，您說當時正在和誰合作一個專案來著？」她低頭看了看自己當時做的筆記——「唐・彼得斯。您覺得他是不是和之前一樣，也遇到因設備老化而延誤工期的問題？」

「問得好。我們一起做最後一個專案的時候，他有個團隊可能就遇過一些問題。」史蒂文斯先生幽默地說起那個團隊如何費盡全力和他的團隊保持進度一致。

他講完故事之後，凱特問：「您還記得這種工期延誤帶給貴公司多大的損失嗎？如果彼得斯能像您一樣解決問題，讓團隊充分發揮生產力，他會不會很高興？」

「可能會。」

「這個協會裡除了彼得斯，您還知道誰可能也想提高生產效率嗎？」

在接下來的幾分鐘裡，史蒂文斯先生說了幾個他在協會裡認識的同行。他每說到一個人的名字，就會講一下這個人的故事。

凱特把這些人的名字都記了下來，然後繼續聽史蒂文斯先生講故事，中間沒有打斷他。

他說完之後，凱特很快確認了一下他推薦的那幾位新客戶目前在和哪些公司合作。「太謝謝您了。」凱特真誠地說。她猜史蒂文斯先生和唐・彼得斯的合作關係是最緊密的。

「我和這些企業聯繫的時候，能不能表示敝公司如何為您提供高效率的解決方案？」

「當然可以。告訴他們是迪恩・史蒂文斯讓你打電話過去的。」

凱特站了起來。當時正是中午，她來的時候沒有提前打招呼。她自己能找到這些公司的聯繫方式，所以不想再占用史蒂文斯先生的時間了。「和之前一樣，真的非常感謝您選擇和我們合作。」

第二天下班前，凱特已經和這些公司都聯繫過了。她發給史蒂文斯先生一封感謝信，再次感謝他為她介紹新客戶，並且表示自己已經和哪些潛在客戶約見面了。

情境B：家庭場合的銷售拜訪

鮑伯填完合約上該填的資訊，並確認派特和蓋瑞最終決定購買他們公司的產品。鮑伯一邊整理等等要留給他們的文件，一邊問：「您剛剛說終於把這件事搞定了，鬆了一口氣。我突然想到，您說自己之前和妹妹聊過這個產品。您還有哪些家人、朋友和同事，擔心他們家沒有這個產品會面臨潛在風險？」

在隨後的幾分鐘裡，鮑伯在紙上把派特和蓋瑞說到的名字都記了下來。每聽到一個名字，鮑伯都會問：「他之前說過什麼或做過什麼，為什麼您剛剛能想到他？」這通常又會讓派特和蓋瑞再說出一、兩個名字。

然後，鮑伯問派特：「我怎麼聯繫您妹妹最好呢？」就這樣，他把他們說的那些人都問了一遍。如果他們手頭上沒有某人的聯繫方式，鮑伯就會跳過去繼續問下一個。最後鮑伯問：「既然您非常滿意我們的產品能帶給您的家這麼多好處，那您介不介意打幾通電話，讓您妹妹和史密斯家知道您找到解決問題的辦法，而且這可能也會幫助他們？」

派特說她正打算晚上打電話給妹妹呢。她提到，第二天可以和街坊鄰居說一下這件事。然而，蓋瑞卻不願意打電話給他的同事們。

「我理解。」鮑伯說，「那麼我聯繫他們時，能提您的名字嗎？」蓋瑞長嘆了一口氣，慶幸自己終於不用打電話給同事了，於是欣然同意了鮑伯的提議。鮑伯收拾了一下自己的東西。「謝謝兩位今天晚上邀請我來，恭喜兩位決定透過這種最可靠的方式，來保護您的家庭。」

鮑伯離開時天已經黑了。開車前，鮑伯降下車窗，側耳聽著從樹林穿梭而過的微風。雖然覺得筋疲力盡卻激動不已，因為他知道自己和兩位客戶一起成功完成了「說服客戶的循環」，用專業的方式滿足了客戶的需求。

向潛在客戶推銷時，客戶並不是每次都會說「好」。但鮑伯幾乎每次都很高興自己向客戶推薦了這種產品／服務，而且力圖說服客戶做出有利於自己家庭的明智決定。但是今晚，客戶說「好」，還推薦幾個潛在客戶給鮑伯，明天他就可以打電話安排見面。鮑伯吐了一口氣，發動汽車，思緒又飄回在家等他的家人。

附錄 「說服客戶的循環」核對表

準備

- 名片
- 筆
- 薄荷糖
- 放鬆，集中注意力
- 想像客戶會有什麼反應

與客戶建立融洽關係

- 微笑
- 握手／問候
- 與客戶保持音量和語速一致
- 發音咬字清晰
- 配合客戶的肢體動作

瞭解客戶需求

- 提出開放式問題
- 傾聽時相應地調整肢體動作
- 不要打斷客戶
- 不要過早開始推銷
- 提出一些探索性問題

向客戶展示問題的解決方案

- 以假設曾購買的口吻陳述
- 與客戶使用同類的措辭
- 有效利用視覺輔助工具
- 每說一個產品特性，就要解釋相應的優點和好處
- 推銷產品或服務的深層價值

收尾時向客戶提問

- 提出探索性問題
- 保持放鬆狀態
- 保持沉默
- 做好客戶說「好啊」「不了」「也許吧」的準備

內循環

- 再次與客戶建立融洽關係
- 傾聽時相應調整肢體動作
- 找到與客戶觀點一致的地方
- 找到客戶存在的疑問／顧慮
- 確認客戶沒有其他問題
- 如果你回答……他們就會買
- 確認客戶滿意你的回答
- 回答客戶的問題後再次收尾
- 提出終極問題

談判

- 列出交換條件清單
- 知道自己的起點和底線
- 客戶提出談判請求時要放鬆

- 明確談判請求背後的意圖
- 先為客戶提供更多價值，不行再降價
- 降價前，先讓客戶承諾降價後立即購買
- 問完終極問題再離開

好

- 平靜地向客戶表示感謝
- 有條不紊地處理交易細節
- 注意客戶的時間
- 告訴客戶接下來會發生什麼（如：會得到什麼服務等）

請客戶把你推薦給別人

- 暗示客戶向你推薦新客戶
- 客戶決定購買後，要再次建立起融洽的關係
- 當客戶向你推薦潛在客戶時，不要打斷他們
- 若時間來不及，事後再想辦法拿到潛在客戶的聯絡方式
- 迅速聯繫客戶推薦給你的潛在客戶
- 事後告訴客戶，你聯繫了他們推薦的人後有什麼結果

致謝

我們要感謝湯姆・霍普金斯國際公司（Tom Hopkins International, Inc.）的商務拓展副總裁裘蒂・斯萊克（Judy Slack），感謝她一直努力推動有關各方之間的順暢交流、協調工作流程，並對本書原稿進行潤色。

我們同樣要感謝世界各地的專業業務，是你們讓我們得以持續地把理論付諸實踐；也感謝你們不斷地向我們提出挑戰，促使我們想出新的方法，讓你們能提供客戶更好的服務。

國家圖書館出版品預行編目（CIP）資料

當客戶說不：世界頂級銷售大師教你四步驟馬上成交！/ 湯姆.霍普金斯(Tom Hopkins)，本.卡特(Ben Katt)著；楊曉瑜譯. -- 初版. -- 臺北市：今周刊出版社股份有限公司，2022.01
352面；14.8X21公分. --（Unique；58）
譯自：When buyers say no : essential strategies for keeping a sale moving forward
ISBN 978-626-7014-30-1（平裝）

1.銷售　2.行銷策略　3.消費心理學

496.5　110020581

Unique 系列 058

當客戶說不
世界頂級銷售大師教你四步驟馬上成交！

作　　者　湯姆・霍普金斯（Tom Hopkins）、本・卡特（Ben Katt）
譯　　者　楊曉瑜
副總編輯　鍾宜君
主　　編　蔡緯蓉
行銷經理　胡弘一
行銷企畫　林律涵
封面設計　木木lin
內文排版　菩薩蠻數位文化有限公司
校　　對　許訓彰

發 行 人　梁永煌
社　　長　謝春滿
副總經理　吳幸芳
副 總 監　陳姵蒨

出 版 者　今周刊出版社股份有限公司
地　　址　台北市中山區南京東路一段96號8樓
電　　話　886-2-2581-6196
傳　　真　886-2-2531-6438
讀者專線　886-2-2581-6196轉1
劃撥帳號　19865054
戶　　名　今周刊出版社股份有限公司
網　　址　http://www.businesstoday.com.tw

總 經 銷　大和書報股份有限公司
製版印刷　緯峰印刷股份有限公司
初版一刷　2022年2月
初版三刷　2023年3月
定　　價　400 元

When Buyers Say No: Essential Strategies for Keeping a Sale Moving Forward

Unique

Unique